仕事、生活をラクラク管理

超便利！

Notion
テクニック

山岡 浩太郎 = 著

本書に関するお問い合わせ

この度は小社書籍をご購入いただき誠にありがとうございます。小社では本書の内容に関するご質問を受け付けております。本書を読み進めていただきます中でご不明な箇所がございましたらお問い合わせください。なお、ご質問の前に小社Webサイトで「正誤表」をご確認ください。最新の正誤情報を下記Webページに掲載しております。

本書サポートページ

https://isbn2.sbcr.jp/27140/

上記ページの「サポート情報」をクリックし、「正誤情報」のリンクからご確認ください。なお、正誤情報がない場合は、リンクは用意されていません。

ご質問送付先

ご質問については下記のいずれかの方法をご利用ください。

Webページより

上記サポートページ内にある「お問い合わせ」をクリックしていただくと、メールフォームの要綱に従ってご質問をご記入の上、送信してください。

郵送

郵送の場合は下記までお願いいたします。

〒105-0001
東京都港区虎ノ門2-2-1
SBクリエイティブ 読者サポート係

■本書内に記載されている会社名、商品名、製品名などは一般に各社の登録商標または商標です。本書中では©、™マークは明記しておりません。

■本書の出版にあたっては正確な記述に努めましたが、本書の内容に基づく運用結果について、著者およびSBクリエイティブ株式会社は一切の責任を負いかねますのでご了承ください。

©2024 Koutarou Yamaoka
本書の内容は著作権法上の保護を受けています。著作権者・出版権者の文書による許諾を得ずに、本書の一部または全部を無断で複写・複製・転載することは禁じられております。

ご購入・ご利用の前に必ずお読みください

● 本書では、2024年8月現在の情報に基づき、Notionについての解説を行っています。

● 画面および操作手順の説明には、以下の環境を利用しています。Notionのバージョンによっては異なる部分があります。あらかじめご了承ください。
・パソコン：Windows 11

● 本書の発行後、Notionがアップデートされた際に、一部の機能や画面、操作手順が変更になる可能性があります。あらかじめご了承ください。

はじめに

はじめまして。この度は、「Notion」についての本を手に取っていただき、誠にありがとうございます。本書は、日常生活の中で「Notion」をどのように活用できるかを中心に解説しています。

「Notion」と聞くと、ビジネスやプロジェクト管理のための高度なツールという印象をお持ちの方も多いかもしれません。しかし、「Notion」の真の魅力は、その柔軟性と多用途性にあります。単なる仕事のツールとしてではなく、個人の趣味や学び、さらには家庭内の管理や生活全般にわたって活用できるポテンシャルを持っています。本書では、そんな「Notion」を日常にどう取り入れ、活用していくかについて、テンプレートの例を交えながら紹介していきます。

例えば、家族のスケジュール管理や、旅行の計画、読書記録、さらには食事のレシピ管理など、さまざまなシーンで「Notion」を活用できます。デジタルノートとして、また情報を集約するプラットフォームとして、これまでにない新しい形で私たちの生活をサポートしてくれるのが「Notion」です。

さらに、本書では初心者の方にもわかりやすいように、基本的な使い方から始まり、少しずつ応用的な活用方法へとステップアップできる構成にしています。初めて「Notion」に触れる方でも、安心して読み進められるように工夫していますので、ぜひご自身のペースで進めてみてください。

「Notion」を通じて、日々の生活がさらに充実したものになることを願っています。どうぞ、楽しみながらお読みいただければ幸いです。

2024年8月

山岡　浩太郎

目次

第1章 Notionの基本を覚えよう

- 01　Notionとは？ ……………………………………… 8
- 02　Notionでできること ……………………………… 12
- 03　Notionの画面構成 ………………………………… 16
- 04　Notionのデータベース …………………………… 20
- 05　Notion AI …………………………………………… 29

第2章 Notionを使ってみよう

- 06　基本的な操作 ……………………………………… 36
- 07　ベーシックな機能 ………………………………… 43
- 08　他のアプリとの連携方法 ………………………… 49

第3章 テンプレートを使ってみよう

- 09　テンプレートの使い方 …………………………… 56
- 10　テンプレートの見つけ方 ………………………… 59
- 11　テンプレートを使って共有する方法 …………… 62

Contents

第4章 タスク管理

- 12 タスクを洗い出す ……………………………… 64
- 13 タスクの手順管理をする ……………………… 68
- 14 タスクの優先度を設定する …………………… 72
- 15 目標達成のためのロードマップを作る ……… 76
- 16 目標達成スケジュールを決める ……………… 80
- 17 NotionでToDoリストを作る ………………… 83
- 18 日々の記録を行う ……………………………… 86
- 19 メモ習慣を付ける ……………………………… 90
- 20 書いたメモの整理術 …………………………… 94
- 21 課題を管理する ………………………………… 98
- 22 反省／改善 ……………………………………… 102

第5章 スケジュール

- 23 1日のスケジュールを管理する ……………… 106
- 24 1週間のスケジュールを管理する …………… 110
- 25 1カ月のスケジュールを管理する …………… 114
- 26 着手／未着手の管理 …………………………… 118

第6章 コミュニケーション

- 27 ノートを取る …………………………………… 122
- 28 打ち合わせ管理 ………………………………… 126
- 29 チーム内で大事なことを共有・管理 ………… 138
- 30 プレゼンをする ………………………………… 142
- 31 連絡先管理をする ……………………………… 145

第7章 お金

- 32 お金を管理する ………………………………… 148
- 33 家計簿を管理する ……………………………… 152
- 34 税金を管理する ………………………………… 156

第8章 生活

- 35 食事／睡眠を管理する ………………………… 160
- 36 運動を管理する ………………………………… 164
- 37 買い物リスト …………………………………… 168
- 38 持ち物を管理する ……………………………… 172
- 39 趣味を管理する ………………………………… 176
- 40 旅行を計画する ………………………………… 180
- 41 ブログに活用する ……………………………… 186
- 42 その他のおすすめのテンプレート一覧 ……… 188

Notionの基本を覚えよう

第1章

まずはNotionとは一体何なのか。基本や仕組み、機能などを覚えましょう。また、NotionにはAIも搭載されています。Notion AIでどういうことができるのかも一緒に確認していきましょう。

01 Notionとは？

❶ Notionについての基礎知識

「Notion」は、さまざまな情報を一元管理できるWebブラウザツールです。シンプルで直感的な操作が特徴で、仕事やプライベートのタスク管理、メモ、プロジェクト管理など、幅広い用途に対応しています。

Notionの基本機能について説明します。Notionは「ページ」という単位で情報を管理します。ページはテキストだけでなく、画像、動画、リンク、ファイルなど、さまざまなコンテンツを含めることができます。また、ページは階層構造で整理できるため、関連する情報をグループ化してわかりやすくまとめることができます。

ページについてはP.36からを参照してください。

❷ Notionのメリット

次に、Notionの優れた点について紹介します。まず、カスタマイズ性の高さが挙げられます。各ページやデータベースはユーザーのニーズに合わせて自由に設計できるため、個人の好みに応じた使い方が可能です。また、リアルタイムでの共同編集機能を備えており、チームメンバーとスムーズに情報共有ができます。さらに、タスク管理やスケジュール管理に便利なテンプレートも豊富に用意されており、初めての人でも簡単に利用を開始できます。

Notionの活用例としては、個人のタスク管理、仕事のプロジェクト管理、読書記録や学習ノート、旅行の計画などが挙げられます。特に、仕事とプライベートの両方で使える点が魅力です。さらに、他のアプリやツールと連携できるため、既存のワークフローにスムーズに統合できます。

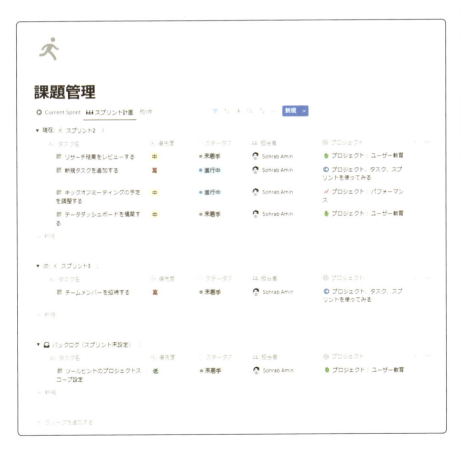

❸ Notion を利用できる端末

「Notion」は、パソコン、スマホ、タブレットなど、さまざまなデバイスで利用できる便利な Web ブラウザツールです。このマルチデバイス対応により、どこにいても簡単に情報にアクセスし、管理することができます。

まず、パソコンでの利用についてです。デスクトップ版の Notion は、大画面での操作が可能なため、複雑なプロジェクトや多くの情報を一度に表示し、効率的に作業できます。キーボードを使った入力もスムーズで、長文のドキュメント作成や詳細なタスク管理に最適です。

次に、スマホでの利用についてです。スマホ版の Notion は、いつでもどこでも手軽に情報にアクセスできる点が魅力です。通勤中や外出先でも、簡単にメモを取ったり、タスクを確認したりできます。また、通知機能を活用すれば、重要なタスクやイベントを見逃すことなく管理できます。

さらに、タブレットでの利用についてです。タブレット版の Notion は、パソコンとスマホの中間的な使い勝手を提供します。画面が大きいため、パソコン同様に複数の情報を同時に表示できますが、スマホのような携帯性も兼ね備えています。タブレットならではのタッチ操作で、直感的に情報を整理・管理することができます。

これらのデバイス間でのデータ同期もスムーズに行えます。例えば、パソコンで作成したプロジェクトの詳細を、スマホで確認し、タブレットで編集するといったシームレスな作業が可能です。このため、場所やデバイスを選ばずに一貫したワークフローを維持できます。

Notion のマルチデバイス対応により、ビジネスシーンでも日常生活でも、その利便性は大いに発揮されます。デスクでの集中作業、移動中の簡単なチェック、自宅でのリラックスした作業など、あらゆるシーンで活用できるのが強みです。

Notionには有料版もある

「Notion」の有料版は、無料版に比べて多くの高度な機能が追加されており、ビジネスや個人の生産性をさらに高めるための強力なツールです。ここでは、Notionの有料版の主な機能について紹介します。

	フリー（無料版）	プラス	ビジネス	エンタープライズ
料金	無料	月額1,650円	月額2,500円	Notionに問い合わせ
ページとブロック	個人は無制限 メンバーは制限有り	無制限	無制限	無制限
ファイルのアップロード	最大5MB	無制限	無制限	無制限
ページ履歴	7日間	30日間	90日間	無制限
ゲスト招待	10名まで	100名まで	250名まで	250名から
チームスペース	プライベートは利用不可	プライベートは利用不可	制限無し	制限無し
オートメーション	カスタムは利用不可（基本操作は可）	制限無し	制限無し	制限無し
ワークスペース全体のPDFエクスポート	×	×	○	○
SAMLシングルサインオン	×	×	○	○
高度なセキュリティ設定	×	×	×	○
優先サポート	×	○	○	○

02 Notionでできること

❶ タスク管理が便利

Notionでは、個々のタスクを作成し、進行状況を視覚的に管理することができます。タスクリストやカンバン方式のボードを使って、チームメンバーとリアルタイムでタスクの進捗を共有できます。これにより、誰が何をしているのかが一目でわかり、コミュニケーションが円滑になります。

また、Notionを使えば、日々のやることリストを簡単に作成し、進行状況をチェックできます。買い物リストや家事の予定、趣味のプロジェクトなど、日常的なタスクを視覚的に管理することで、効率よく行動できます。さらに、デジタルプランナーとしても活用でき、スケジュールを一元管理できます。ビジネスだけではなく日常使いとしても非常に便利なツールなのです。

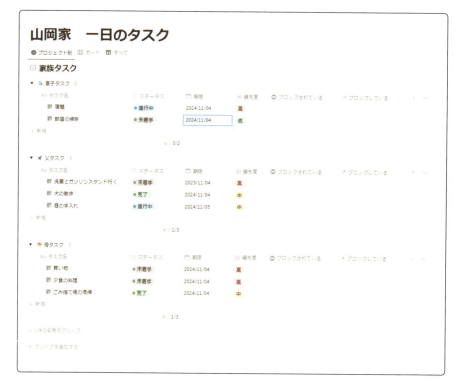

❷ プロジェクト管理をして全体が見れる

次に、Notionのページは柔軟にカスタマイズでき、プロジェクトごとにページを作成して必要な情報を一箇所にまとめられます。ドキュメント、スケジュール、データベースなどを統合し、プロジェクト全体を見渡せるダッシュボードを作成することができます。これにより、プロジェクトの全体像を把握しやすくなり、効率的な管理が可能になります。

メモやアイデアをページにまとめ、必要な情報を簡単に整理できます。旅行の計画や読書ノート、レシピの保存など、多岐に渡る情報を一箇所に集約できるため、必要な情報にすぐアクセスできます。また、ページを階層的に整理できるので、情報の分類がしやすくなります。

❸ コミュニケーションツールとしても有用

メモやアイデアをページにまとめ、必要な情報を簡単に整理できます。旅行の計画や読書ノート、レシピの保存など、多岐に渡る情報を一箇所に集約できるため、必要な情報にすぐアクセスできます。また、ページを階層的に整理できるので、情報の分類がしやすくなります。

❹ 家計簿なども作成できる

Notionは家計簿を作成・管理するのに非常に便利なツールです。収支管理、データの視覚化、マルチデバイス対応、カスタマイズ性といった利点を活かして、自分のライフスタイルに合った効率的な家計管理が実現できます。社会人にとって、Notionを使った家計簿は、日々の財務管理を簡単かつ効果的に行うための強力なサポートとなるでしょう。

⑤ 生活に役立てることもできる

ライフプランニングにもNotionは役立ちます。年間の目標設定や予算管理、プロジェクトの進行状況を管理するためのテンプレートを使って、長期的な計画を立てることができます。家計簿としても活用でき、収支の把握や予算の管理が簡単に行えます。

自分のライフスタイルやニーズに合わせてレイアウトや機能を調整できるため、より使いやすいツールに仕上げることができます。例えば、ダッシュボードを作成して日常の重要な情報を一目で確認できるようにしたり、各種テンプレートを利用して効率的に情報を入力したりすることが可能です。

03 Notionの画面構成

❶ パソコンの画面

Notionではパソコンのブラウザ版やスマートフォンのアプリ版などがあります。ここではそれぞれの画面構成について解説をします。まずはパソコンのブラウザ版の画面です。実際にカスタマイズすると以下のような画面になります。さまざまなツールを1つの画面で管理でき、カスタマイズ性も高いので、自由に配置をすることができる点が魅力です。また、配置をした後でもシンプルで見やすい画面構成となっています。

1	Notion内を検索したり、ホーム画面を表示したりできます。受信トレイでは、Notion内で受け取ったメッセージを確認できます。
2	ページの一覧です。作成したページが縦に並んでいます。
3	Notion内でカレンダーを作成したり、チームスペースを作ったりできます。その他にもテンプレート（P.56参照）を探したりすることもできます。
4	ページを開いた画面です。配置したブロックで、ページを作成していきます。
5	Notion AIを表示します。

Notionはページを作成してブロックを追加し、構成していきます。「ページ」とはNotionの1つのメモのようなもので、左のメニューにどんどん作成して増やしていくことができます。ページを切り替えてさまざまな用途で使い分けることを目的としています。「ToDoリスト」と「カレンダー」は別のページで管理するといったことが可能です。

画面の左側にあるリストのような一覧がページです。

「ブロック」とは、ページ内に配置できるテキストや画像などの埋め込みができるコンテンツを指します。ブロックを配置することで、ページの内容を充実させることができます。ブロックにはさまざまな種類があり、テキストや画像だけではなく、表や連携ツールなどがあります。このブロックを組み合わせて、自分に使いやすいように自由にカスタマイズをしましょう。

ページ内に配置されるコンテンツがブロックです。左の例では、「見出し」「チェックリスト」「マップ」のそれぞれがブロックとなります。

第1章 Notionの基本を覚えよう

❷ スマートフォンの画面

Notionのスマートフォン用のアプリ版の画面構成では、スマートフォンが縦長な分、上下にメニューなどのアイコンが表示されます。

❶	設定が表示されます。
❷	ページの一覧です。作成したページが縦に並んでいます。
❸	ホーム画面が表示されます。
❹	Notion内を検索できます。
❺	メッセージを確認できます。

❻	新規ページを作成できます。
❼	Notionのページを共有できます。
❽	ページにコメントができます。
❾	ページを開いた画面です。配置したブロックで、ページを作成していきます。

18

❸ タブレットの画面

最後にタブレットでの画面です。今回はアプリ版での画面で紹介します。スマートフォンとは異なり画面が大きいので、配置が異なっており、パソコン版に近い画面となっています。

1	メニューが表示されます。
2	Notionのページを共有できます。
3	ページにコメントができます。
4	更新履歴が表示されます。
5	設定が表示されます。
6	ページを開いた画面です。配置したブロックで、ページを作成していきます。
7	Notion内を検索したり、通知を確認したり、ページを新規で作成したりできます。
8	Notion AIが表示されます。

右の画面は①をタップしてメニューを表示した状態です。

04 Notionのデータベース

❶ データベースとは

「Notion」のデータベースの基本構造についてです。Notionのデータベースは、テーブル形式で情報を整理します。各行がレコード（データの項目）を表し、各列がプロパティ（属性）を表します。これにより、例えば、プロジェクト管理、タスク管理、顧客情報の整理など、さまざまな用途に応じたデータベースを作成できます。**データベースには「テーブル」「ギャラリー」「タイムライン」「ボード」「リスト」「カレンダー」の6種類**あります。

❷ テーブル

テーブルは行と列から成り、各行が個別のレコード（項目）を表し、各列がそのレコードに関連するプロパティ（属性）を表します。これにより、情報を体系的に整理しやすくなります。例えば、タスク管理の場合、タスク名、期限、担当者、ステータスなどのプロパティを設定し、それぞれのタスクについて詳細な情報を記録できます。

テーブル初期画面

次に、プロパティの種類についてです。Notionのテーブルでは、さまざまな種類のプロパティを設定できます。以下はその主な例です。

テキスト	自由に文字を入力できます。備考や詳細説明に便利です。
数値	数値データを扱います。金額や数量の管理に適しています。
ステータス	ステータスのタグ付けを行えます。カテゴリ分けに役立ちます。
日付	日付や期限を設定できます。スケジュール管理に欠かせません。
URL	他のNotionページや外部リンクを貼れます。関連情報を簡単に参照できます。

より充実させるとこのように活用することもできます。

③ ギャラリー

ギャラリーでは、各レコードがカード形式で表示され、画像や主要情報を一目で確認できるようになっています。カードにはカスタマイズ可能なプロパティを表示させることができ、必要な情報を簡単に整理できます。例えば、プロジェクト管理においては、各カードにプロジェクト名、進行状況、担当者、期限などを表示させることができます。次に、ギャラリーの設定方法についてです。ギャラリーを作成するには、データベースのオプションから「ギャラリー」を選択します。次に、カードに表示するプロパティを設定します。画像プロパティがある場合は、それをカードのサムネイルとして表示させることができます。これにより、ビジュアル要素が強調され、情報の把握が容易になります。

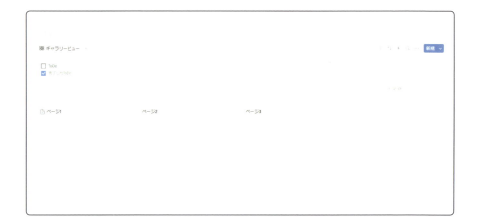

COLUMN　ギャラリービューで管理するメリット

ギャラリービューで管理するメリットは、情報の視覚的な整理と把握が容易になる点にあります。特に、画像やビジュアルコンテンツが多い場合、一目で全体像を把握できるため、迅速な判断が可能です。さらに、チームメンバー間での共有やフィードバックが効率的になり、コミュニケーションが円滑に進むという利点もあります。これにより、プロジェクトの進行がスムーズになり、効率的な業務遂行が可能となります。

ギャラリーはデータのフィルタリングとソート機能もサポートしています。フィルター機能を使えば、特定の条件に合致するデータだけを表示することができます。例えば、特定のステータスのプロジェクトや、特定の期間内に期限があるタスクのみを表示することができます。ソート機能を使えば、任意のプロパティに基づいてカードを並べ替えることができます。これにより、重要な情報を優先的に表示することが可能です。

ギャラリーは、以下のようなシーンで特に有効です。

プロジェクト管理	各プロジェクトの概要や進行状況をビジュアルに確認でき、チーム全体で共有しやすくなります。
デザイン	デザインやクリエイティブプロジェクトの進捗を視覚的に追跡でき、フィードバックのやり取りがスムーズになります。
ポートフォリオ管理	写真や作品を整理し、見栄えのよいレイアウトで表示できるため、クライアントやチームメンバーに簡単に共有できます。
リスト作成	リストを写真付きでギャラリー表示で管理すると、画像を見て何なのかがわかりやすくなります。

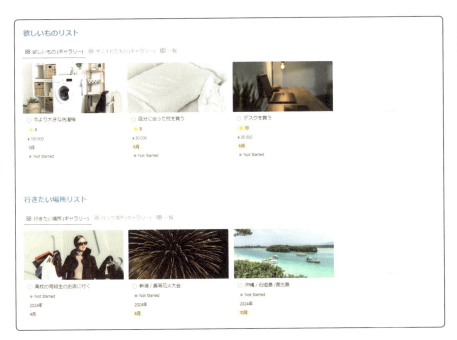

❹ タイムライン

タイムラインでは、各レコード（項目）が時間軸上に配置されます。これにより、タスクやイベントの開始日と終了日を直感的に確認でき、全体のスケジュールを一目で把握できます。例えば、プロジェクト管理においては、各タスクの開始日、終了日、進行状況を視覚的に表示し、プロジェクト全体の流れを管理できます。

次に、タイムラインの設定方法についてです。データベースでタイムラインを作成するには、オプションから「タイムライン」を選択します。その後、開始日と終了日のプロパティを設定します。これにより、各レコードが正確にタイムライン上に表示されます。また、表示する期間（週、月、年など）を選択することもできます。

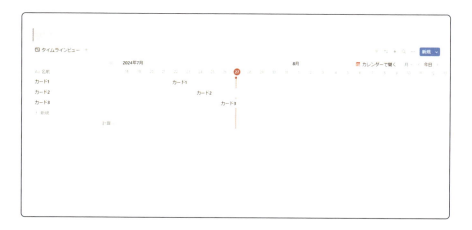

COLUMN そもそもタイムラインって何？

タイムラインとは、出来事やプロジェクトの進行状況を時系列で視覚的に表現するツールのことです。歴史的な出来事、プロジェクトのスケジュール、個人のライフイベントなど、さまざまな情報を時系列で整理し、見やすくするために使用されます。タイムラインは、視覚的に情報を整理することで、重要なイベントや期限を一目で把握でき、計画や振り返りが容易になります。特にプロジェクト管理やイベントプランニングにおいては、各タスクの開始日と終了日、依存関係などを明確に示すことで、チーム全体の進捗を可視化し、効率的な作業をサポートします。また、教育現場やプレゼンテーションにおいても、情報を分かりやすく伝える手段として広く利用されています。タイムラインは、情報の整理と伝達において非常に有効なツールです。

タイムラインはフィルタリングとソート機能もサポートしています。フィルター機能を使えば、特定の条件に合致するタスクだけを表示することができます。例えば、特定の担当者が関わるタスクや、特定の期間内に開始されるタスクのみを表示できます。ソート機能を使えば、優先度や期限に基づいてタスクを並べ替えることができます。

また、タイムラインは他のNotionページとのリンクも設定できるため、情報の一元管理が可能です。例えば、プロジェクトの詳細ページからタイムラインにリンクを設定し、関連するタスクの進捗を一目で確認できます。

タイムラインは、以下のような場面で特に有効です。

プロジェクト管理	プロジェクトの開始から終了までの流れを視覚的に管理し、タスクの進行状況や依存関係を把握できます。
イベントプランニング	イベントの計画や準備の進行状況を管理し、スケジュール通りに進めるためのツールとして活用できます。
リソース管理	チームメンバーの作業負荷やリソースの割り当てを視覚的に管理し、効率的なリソース配分を行えます。

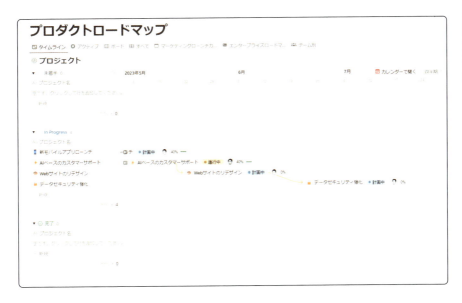

❺ ボード

ボードでは、各レコード（項目）がカード形式で表示され、ステータスごとに列に分けられます。例えば、タスク管理においては、「未着手」「進行中」「完了」といったステータスごとにタスクを整理できます。各カードには、タスク名、期限、担当者、詳細などの情報が表示されます。

次に、ボードの設定方法についてです。データベースでボードを作成するには、オプションから「ボード」を選択します。その後、各列の基準となるプロパティ（ステータスなど）を設定します。これにより、各レコードが適切な列に配置され、視覚的に整理されます。

COLUMN　データベースのカードとは？

Notionのデータベースのカードは、情報を視覚的かつ直感的に管理するための重要な要素です。各カードはデータベースの一項目を表し、タスク、プロジェクト、メモなどを含む多様な情報を保持します。カード内にはテキスト、チェックリスト、添付ファイル、タグなどが追加でき、必要に応じてカスタマイズが可能です。さらに、カードをクリックすると詳細ビューが開き、より具体的な情報を編集できます。カードはドラッグ＆ドロップで簡単に移動でき、進行状況やカテゴリごとに整理するのに便利です。これにより、複雑なデータを効率的に管理し、プロジェクトやタスクの進行を視覚的に追跡することができます。

⑥ リスト

リストは、縦に並んだ項目の一覧で、それぞれの項目が行として表示されます。各行には、タスク名やプロジェクト名などのタイトルがあり、その下に詳細情報が表示されます。この形式は、シンプルで視覚的にわかりやすく、多くの情報を一目で確認するのに適しています。

次に、リストの設定方法についてです。リストを作成するには、データベースのオプションから「リスト」を選択します。その後、各項目に表示するプロパティ（属性）を設定します。例えば、タスク管理においては、タスク名、期限、担当者、ステータスなどを表示させることができます。

COLUMN　Notionのリストで管理するときの注意点

Notionのリストで管理する際の注意点を押さえることで、効率的かつ効果的にタスクや情報を整理できます。まず、リストが長くなりすぎないように注意しましょう。長すぎるリストは視覚的に圧倒されやすく、重要なタスクを見落とす原因となります。次に、各項目に明確なタイトルを付けることが重要です。これにより、一目で内容を把握できます。また、期限や担当者などのプロパティを適切に設定し、リストをフィルタリングやソートできるようにしましょう。さらに、リストの項目を定期的にレビューし、進行状況をチェックすることが必要です。最後に、サブタスクや関連リンクを活用して、リストを階層的に整理することで、情報の関連性を保ちながら詳細な管理が可能になります。

❼ カレンダー

カレンダーでは、各レコード（項目）が日付に基づいてカレンダー上に配置されます。これにより、タスクやイベントの開始日や期限を一目で確認できます。例えば、プロジェクト管理においては、各タスクの締切日や進行中のタスクのスケジュールをカレンダー上で視覚的に把握できます。

次に、カレンダーの設定方法についてです。データベースでカレンダーを作成するには、オプションから「カレンダー」を選択します。その後、各レコードの開始日や期限日を設定します。これにより、各レコードが正確にカレンダー上に表示されます。

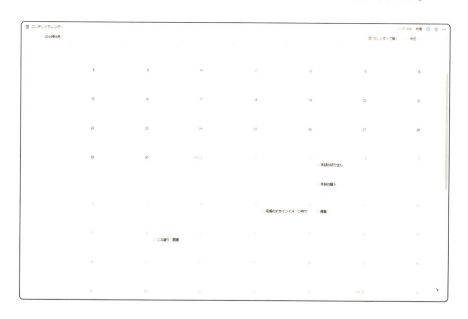

COLUMN　NotionのカレンダーとGoogleカレンダーは連携できる

NotionのカレンダーとGoogleカレンダーは連携が可能です。これにより、両方のプラットフォームでスケジュールを一元管理でき、予定の重複や見落としを防げます。連携方法は、GoogleカレンダーのURLをNotionのページに埋め込むか、Zapier（Webサービスやアプリと連携して自動化できるサービスです）などの自動化ツールを使用して同期させることが一般的です。この連携により、Googleカレンダーで作成した予定がNotionに自動的に反映され、効率的なスケジュール管理が実現します。

05　Notion AI

❶ Notion AIとは

Notion AIは、Notionの多機能なノートアプリケーションに組み込まれた人工知能（AI）機能で、ユーザーの作業を効率化し、生産性を向上させることを目的としています。このAIは、文章作成やアイデアの生成、データの整理など、さまざまなタスクをサポートするために設計されています。

文章生成と編集	Notion AIは、プロフェッショナルな文章を短時間で生成する能力があります。ユーザーが提供するキーワードや簡単な指示に基づいて、記事、レポート、メールなどを自動で作成します。また、既存の文章を改善し、誤字脱字の修正や文法のチェックも行います。
アイデアのブレインストーミング	新しいプロジェクトのアイデア出しや、問題解決のためのブレインストーミングに役立ちます。ユーザーが提案するテーマに基づいて、多様な視点からのアイデアを提供し、創造性をサポートします。
タスクの自動化	Notion AIは、日常のタスクを自動化し、時間を節約します。例えば、会議の議事録作成や、プロジェクトの進捗状況のまとめ、スケジュール管理などを自動で行います。
データの整理と分析	大量の情報を整理し、必要なデータを迅速に抽出することができます。データベースのクエリ作成や、複雑なデータの分析を支援し、意思決定を効率化します。

❷ Notion AIに質問をする

Notion AIは、ChatGPTやMicrosoft Copilotのように、AIに質問をして回答を得たり、会話をしたり、提案をしてもらったりすることができます。

Notionのホーム画面の左のメニューにある「Notion AI」をクリックします❶。

Notionに質問などができる画面が表示されます。

下の入力欄に質問を入力します❷。

30

質問からNotion AIが考えた回答が出力されます。

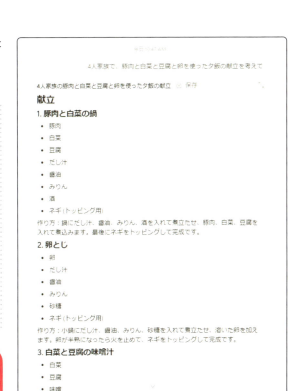

> **Point**
>
> Noiton AIでは、文章の要約を行うことも可能です。文章をコピー＆ペーストで貼り付け、「この文章を要約して」などと入力すると、Notion AIによって要約された文章が出力されます。また、下記の画面に小さく表示されるNotion AIの場合には、現在表示しているページの要約をしてもらうことも可能です。

> 回答は必ずしも正しいとは限りません。回答をよく確認して、正誤性を確かめてから活用しましょう。

なお、右下にある⬚をクリックすると、画面右下に小さくNotion AIの画面が表示され、同様に利用することも可能です。

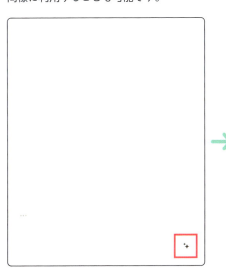

❸ Notion AIにページやブロックを作成してもらう

Notion AIには質問以外にも、Notionのページのブロック例を作成してもらうことも可能です。作成したブロックはページに貼り付けて活用することもできます。なお、ページとブロックについては2章を参照してください。

Notion AIにページやブロックのサンプルを作成するよう指示を出します❶。

> 使用用途はしっかりと記入しましょう。

サンプル例が出力されます。「保存」をクリックします❷。

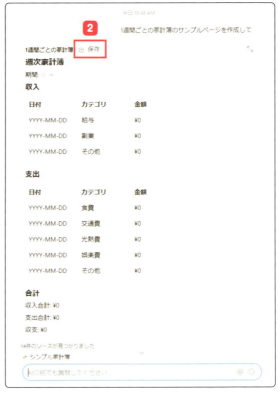

貼り付けたいページを選択します❸。

ページに貼り付けられました。貼り付けたサンプルをクリックします❹。

先ほど作成されたサンプルが保存されていることが確認できます。ここから自分で自由に記入したり、カスタマイズしたりして活用できます。

❹ テンプレートに活用されているNotion AI

Notion AIは自分で質問をしたり、カスタマイズする他に、すでにNotionのテンプレートに挿入されたものもあります。下の画面は「旅行計画（Notion AI）」というテンプレートですが、こちらは自分でどういう旅行をしたいかを入力することで、AIが旅行の計画を立ててくれるというものです。AIを有効活用したテンプレートはこの他にもたくさんあるので、Notionで探してみるとよいでしょう。なお、テンプレートについては3章以降を参照してください。

旅行計画 (Notion AI)

目的地: 箱根

レジャースポットと観光

1. 箱根彫刻の森美術館
    - 屋外展示が多く、子供も大人も楽しめるアートスペースです。
2. 箱根小涌園ユネッサン
    - 温泉テーマパークで、家族全員が楽しめるアクティビティがたくさんあります。
3. 大涌谷
    - 自然の驚異を感じられる地熱地帯で、黒たまごを食べると寿命が延びるという言い伝えがあります。
4. 箱根ガラスの森美術館
    - 美しいガラス作品が展示されており、庭園も魅力的です。
5. 芦ノ湖遊覧船
    - 湖上からの景色を楽しむことができ、子供も大人も満足できるアクティビティです。

ホテル

1. ホテルグリーンプラザ箱根

Notionを
使ってみよう

第2章

2章では実際にNotionの操作方法を確認していきます。ToDoリストを作りながら基本操作を覚えましょう。また、Notionは他のアプリとの連携をすることもでき、実際にページに埋め込みを行って充実させることができます。

06 基本的な操作

▷ここでできるようになること

- Notionに登録する
- Notionの設定をする
- ページの追加や削除をする

❶ Notionに登録する

ここではブラウザ版のNotionの登録方法を解説します。Webブラウザで「https://www.notion.so/ja-jp」にアクセスします❶。

「無料でNotionをダウンロード」をクリックします❷。

メールアドレスを入力して❸、「続行」をクリックします❹。

登録したメールアドレスにログインコードが届くので、確認したらログインコードを入力して ⑤、「続行」をクリックします ⑥。

Notionを使用する用途を選択します ⑦。「続ける」をクリックします ⑧。

> Point
> 用途はどれを選んでも今後の操作が変わることはありません。

「個人で利用」を選択した場合、興味のある分野を選択して ⑨、「続行」をクリックします ⑩。「今はスキップ」をクリックしても問題ありません。

> Point
> 「チームで利用」を選択した場合は、業種や役職を選択します。

Notionが使えるようになります。

> Point
> アプリ版Notionをダウンロードする場合は、手順 ❷ の画面で「ダウンロード」→「Notion（ノーション）」の順にクリックし、「Windows版をダウンロード」をクリックします。

❷ ページを作成する

Notionにおける**ページとは、ノートやデータベース、タスク管理、プロジェクト計画など、さまざまな用途に利用できるデジタルノートブック**です。これにより、ユーザーは自分のニーズに合わせてページを作成し、整理することができます。

左のメニューの🖉をクリックします❶。

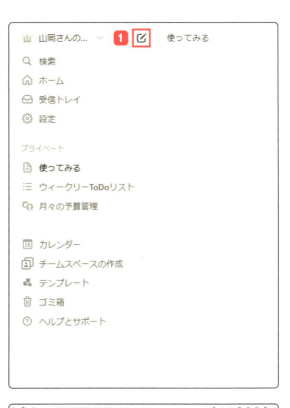

新規ページが作成されます。

> **Point**
> 「無題」と書かれた部分にテキストを入力すると、それがページのタイトルになります。

❸ ブロックを追加する

Notionにおいての**ブロックとは、ページを構成する基本単位であり、多機能で柔軟な情報整理ツール**です。各ブロックは、テキスト、画像、チェックリスト、リンク、コードスニペットなど、さまざまなコンテンツを含んでおり、自由にカスタマイズすることが可能です。ここではToDoリストを作りながらブロックの追加を学んでみましょう。

「無題」をクリックして、ページのタイトルを入力します。今回は「ToDoリスト」と入力します❶。

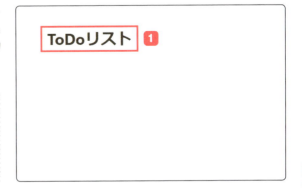

> **Point**
> ページのタイトルを変更すると、左のメニューのページタイトルも変更されます。

Notionのブロックの ⊞ をクリックします❷。

ToDoリスト

追加したいブロックを選択します。今回は「ToDoリスト」を選択してみましょう❸。

> **Point**
> ブロックには画像やファイルを埋め込むものや、カレンダーを追加するものなど、さまざまなものがあります。

ToDoリストのブロックが追加されました。ブロック1つにつき、追加されるTodoリストは1つのみです。この作業を繰り返して、ToDoリストの項目を増やしてみましょう。

第2章 Notionを使ってみよう

39

❹ ページやブロックを削除する

不要になったページはブロックを削除してみましょう。ページを削除する場合は、削除したいページにマウスカーソルを合わせて、…をクリックします❶。

「削除」をクリックします❷。すると作成したページが削除されます。

> **Point**
> 「複製」をクリックすると、ページをコピーすることができます。

ブロックの削除も同様です。削除したいブロックにマウスカーソルを合わせて、□をクリックします❸。

「削除」をクリックします❹。すると作成したブロックが削除されます。

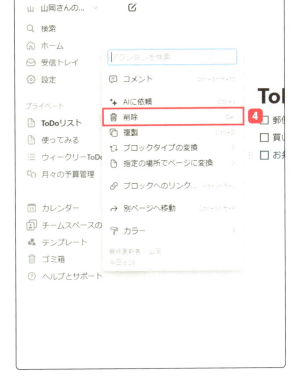

> **Point**
> 「複製」をクリックすると、ブロックをコピーすることができます。

❺ ブロックを並べ替える

配置したブロックは並べ替えることもできます。並べ替えたいブロックにマウスカーソルを合わせて、□をドラッグします❶。

並べ替えたい位置までドラッグします❷。

ブロックの並べ替えが完了します。

07 ベーシックな機能

▷ ここでできるようになること

- クイックメモの基本を学べる
- 日記の基本を学べる
- タスク管理やリーディングリストの基本を学べる

❶ クイックメモ

クイックメモは、日常の情報管理やタスク管理を効率的に行うためのツールです（P.114、118、122参照）。主にスマートフォンやタブレット、パソコンなどのデバイスで使用され、メモやリストを手軽に作成・保存・共有できる機能を備えています。特に、仕事や生活の中で突発的に発生するアイデアや忘れてはいけない事項をすぐに記録するのに適しています。

下の画面のように、あらかじめ自身でメモのサンプルを作成して複製しておくと、メモを取りたいときにすぐ使うことができます。

クイックメモ

> Notionヒント：このテンプレートですばやくメモを取り、あとで参照したりリッチなドキュメントに編集したりします。リンクや画像、ToDoなど、さまざまなコンテンツを追加しましょう。各種コンテンツブロックの詳細についてはこちら。

文章を書いてみる

吾輩は猫である。名前はまだ無い。どこで生れたかとんと見当がつかぬ。何でも薄暗いじめじめした所でニャーニャー泣いていた事だけは記憶している。吾輩はここで始めて人間というものを見た。

ToDoリストを作ってみる

- ☑ 起きる
- ☑ 歯を磨く
- ☐ 朝ご飯を食べる

サブページを作ってみる

📄 サブページ

クイックメモは、ビジネスシーンだけでなく、プライベートでも幅広く活用されています。例えば、会議中に議事録を取ったり、買い物リストを作成したり、旅行の計画を立てたりと、その用途は多岐にわたります。使い方によっては、日常の効率化や生産性の向上に大いに貢献します。

特にスマートフォンやタブレットの場合は、外出先でNotionアプリからすぐにメモを残すことができます。思いついたこと忘れないようにすることも大事ですし、後から見返して家でゆっくりメモした内容を確認することもできるので、Notionを使う際はまずはクイックメモから始めるのもよいでしょう。

クイックメモ

- 隅田川の桜が綺麗に咲いていたので、今度家族で花見に行きたい。
- 子どものお弁当のおかずをあとで購入

ToDoリスト

- ☑ 散歩
- ☑ 町内会の回覧板を渡す
- ☐ 子どもの塾の送迎

気になること

「歩き読み」楽しんで!駅ビルに80mの漫画:サブカル:エンタ...
JR宇都宮駅西口の駅ビル「宇都宮パセオ」の2階に、栃木県内ゆかりの漫画家たちの作品が、お目見えした。約80メートルにわたる漫画が、通行客を楽
読 https://www.yomiuri.co.jp/culture/subcul/20210220-OYT1T50268/

グラスの底に螺鈿細工、伝統の枠超え挑戦...父の取り組みヒントに
日本の「伝統文化」を代表する工芸。新コーナー「工芸のから」は、伝統の技と美の魅力を現代に受け継ぐ産地の人々を紹介します。富山県高岡市のJR高
読 https://www.yomiuri.co.jp/culture/dentou/20221025-OYT1T50201/

日記を付けることには多くの有用性があります。まず、日々の出来事や感じたことを書き留めることで、自分の気持ちや考えを整理できます。これにより、ストレスの軽減や自己理解の深化が図れます。特に忙しい社会人にとっては、日記を書く時間がリフレッシュの機会となり、心の健康を保つ手助けになります。

日記を付けるもう一つの利点は、記憶の補助です。日常の出来事を記録することで、後から振り返って詳細な状況を思い出すことができます。これは仕事のプロジェクト管理やプライベートなイベントの計画にも役立ちます。例えば、過去の会議内容や重要な連絡事項を日記に書いておけば、必要なときに素早く情報を取り出せます。

さらに、日記は目標設定と達成のツールとしても有効です。日記に日々の目標や進捗を書き留めることで、自分の成長を客観的に見つめることができます。これはモチベーションの維持にも繋がり、継続的な自己改善を促します。

日記の形式は自由であり、自分に合ったスタイルで書けるのも魅力です。手書きの日記帳やデジタルツールを使ってもよく、どちらも一長一短があります。手書きは記憶に残りやすく、デジタルは検索や整理がしやすい利点があります。

Notionでは、下の画面のように1行ずつに簡単に日記を付けたり、次ページの画面のようにもう少し詳しく日記を付けることもできます（P.86参照）。

デジタルで日記を書くことには多くのメリットがあります。まず、デジタルツールを使用することで、どこでも簡単に日記を作成・編集できます。スマートフォンやタブレット、パソコンなど、いつでもどこでもアクセス可能なデバイスを利用することで、日常の忙しさの中でも手軽に記録を続けることができます。

次に、デジタル日記は検索機能が充実しているため、過去の記録を素早く探し出すことができます。キーワード検索を活用することで、特定の出来事や感情をすぐに振り返ることができ、必要な情報を迅速に取得できます。これは、ビジネスの会議記録やプロジェクトの進捗状況を管理する際にも非常に有用です。

さらに、デジタル日記には多くの便利な機能が付随しています。例えば、写真や動画、音声ファイルを簡単に添付できるため、視覚的・聴覚的な情報も一緒に保存することができます。これにより、より豊かな記録を残すことができます。また、リマインダー機能を使って、定期的な記入を促す通知を設定することも可能です。

Notionでは、他人と共有して共同で日記を書いたりすることもできますが、自身しか見ないプライベートな日記を書くこともできます。SNSやブログのように世界に向けて発信するほどではない自身が楽しむための日記を書くツールとして、Notionは非常に有用です。

❸ タスク管理

仕事や日常生活において行うべき作業やプロジェクトを整理・優先順位付けし、効率的に遂行するための手法やツールを指します（P.72参照）。これにより、個人やチームは時間を有効に使い、目標を達成するための計画を立てやすくなります。「タスクの洗い出し」「優先順位の確認」「スケジュール立て」「進捗管理」が主な内容となりますが、効率性の向上やストレスの軽減、達成感の向上を利点として挙げられます。

Notionでは、このタスク管理を一元化・視える化をすることで、実際に作業が進んでいるかどうかの進捗確認を行うことも可能です。また、共有機能を行うことで、ビジネスでは社員同士、日常使いであれば家族間や町内会の役員、学校のPTA会などで、共同で行うことも可能です。

❹ リーディングリスト

リーディングリストとは、後で読みたい記事や資料を一時的に保存するためのリストやツールを指します（P.178参照）。仕事や日常生活で見つけた有用な情報を整理し、効率的にアクセスできるようにするための方法です。

「記事の一時保存」「保存した内容のタグ付けと分類」「ツール内での確認」「共有」をすることで、資料を整理していくことが、リーディングリスト作成の目的となります。パソコンのWebブラウザで見つけた記事を外出先でタブレットから確認したり、送られてきたレポートやファイルを一時的にメモしておいて後から見直せるようにしておいたりするなど、便利に活用できます。また、共有機能によって、「リーディングリストに入力した記事を共有者全員に確認してもらう」といったことも可能です。Notionでも簡単に作成することができるので、ぜひ活用してみましょう。

08　他のアプリとの連携方法

▷ここでできるようになること

アプリとの連携

他のアプリやファイルからデータをインポートする

他のアプリの内容を埋め込む

❶ Notionと他のアプリとの連携

Notionでは、他のアプリとの連携をすることができます。**連携には2種類あり、他のアプリで作成したデータをNotionにインポートする方法と、他のアプリをNotionにブロックとして埋め込みを行う方法**です。

インポートでは、例えばWordで作成した文書をそのまま読み込むことができ、それをページとして利用することができます。

埋め込みでは、例えばX（旧Twitter）の内容をNotionに埋め込むことができ、Notion内でポストした内容を確認できるようになります。

❷ データをインポートする

画面右上の…をクリックします❶。

「インポート」をクリックします❷。

インポートするデータの形式を選択します。ここでは「Word」をクリックします❸。

> **Point**
> ZIPファイルをインポートする場合は、画面の指示された箇所へドラッグ&ドロップします。

「Word」のアップロードが開始されます。

「Word」のアップロードが完了すると、新規ページが作成され、アップロードした内容がページに反映されます。

COLUMN　データをエクスポートする

インポートとは反対に、ページで作成したデータをエクスポートすることもできます。エクスポートは「マークダウンとCSV」「HTML」「PDF」形式から選んで書き出すことができます。

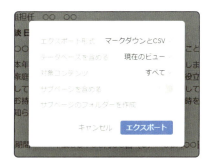

❸ 他のアプリの内容を埋め込む

アプリの埋め込みには2種類の方法があります。ブロックの「埋め込み」からURLを貼り付けて埋め込む方法と、ブロックで埋め込みたいアプリを選択して埋め込む方法です。ここでは両方ともやり方を解説します。

ブロックの⊞をクリックします❶。

「埋め込み」をクリックします❷。

埋め込みたい内容のURLを貼り付けて、「リンクを埋め込む」をクリックします❸。

埋め込みが完了します。今回はGoogleマップで後楽園駅周辺の地図を埋め込んでみました。

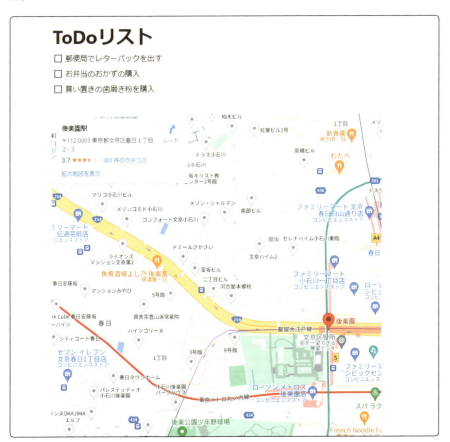

P.52と同様の方法で、次は埋め込みたいアプリを選択します。ここでは「Zoom」をクリックします❹。次の画面でZoomのミーティングルームのURLを貼り付けます。

埋め込みが完了すると、Zoomのミーティングがブロックとして埋め込まれます。

埋め込まれたZoomのミーティングをクリックすると、Zoomのミーティングに参加できます。

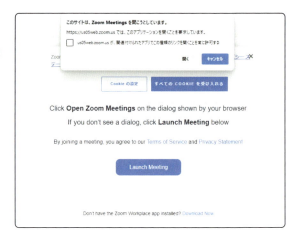

テンプレートを使ってみよう

第3章

Notionは自分でページやブロックを作成して自由にカスタマイズができますが、自由度が高いため初心者には難しく感じる場合もあります。そこで、最初からブロックが配置されており、用途に合わせて選べるテンプレートを使ってみましょう。

09 テンプレートの使い方

▷ ここでできるようになること
- Notionのテンプレートについてわかる
- テンプレートの使い方がわかる
- テンプレートの例がわかる

❶ テンプレートとは？

Notionは、個人やチームの作業効率を向上させるためのオールインワンワークスペースです。Notionのテンプレートは、このツールをより効果的に活用するための強力な機能です。

テンプレートとは、**特定の目的に合わせて事前に設定されたページのレイアウトやコンテンツのこと**を指します。例えば、プロジェクト管理、会議の議事録、個人のタスク管理、読書記録など、多岐にわたる用途に対応しています。テンプレートを利用することで、ページをイチから作成する手間を省き、必要な情報や機能をすぐに使い始めることができます。

また、**Notionのテンプレートはカスタマイズが容易で、各個人やチームのニーズに合わせて自由に編集が可能**です。企業やチームでの使用においては、テンプレートを共有することで、全員が統一されたフォーマットで情報を管理できるため、コミュニケーションの円滑化や業務の効率化が図れます。また、個人利用においても、ライフログや学習管理など、様々な日常業務を整理するのに役立ちます。

❷ テンプレートの使い方

テンプレートはダウンロードしたらそのまま使うことができます。また、ダウンロードも簡単に行うことができ、余計な操作は必要ありません。テンプレートをダウンロードしたら、自分の使いやすいようにブロックを追加したり、必要のない項目を削除したりして自由にカスタマイズできます。

テンプレートをダウンロードしたばかりの状態です。

不要なブロックは削除し、必要なブロックを追加して、好きなようにカスタマイズしましょう。

❸ テンプレートの例

Notionではたくさんのテンプレートが公開されています。4章以降からテンプレートの詳しい活用方法を紹介していますが、ここではいくつか例を紹介します。

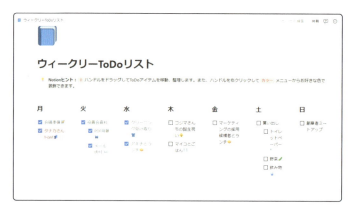

「ウィークリーToDoリスト」では、1週間の予定をToDoリストという形で作成することができます。

「連絡先管理」では、取引先や学校の連絡網、町内会の連絡先などを記入しておくことができます。

「ミールプランナー」では、1週間分の献立を記入しておくことができます。

10 テンプレートの見つけ方

▷ ここでできるようになること

● テンプレートの見つけ方がわかる

● テンプレートを設定する操作がわかる

● 実際にテンプレートを入れる

❶ テンプレートの見つけ方

左のメニューから「テンプレート」をクリックします❶。

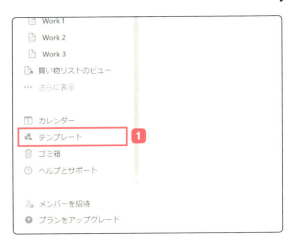

「テンプレートギャラリー」が表示されます。

「暮らし」や「仕事」などカテゴリ検索をしたり、キーワード検索をしたりできます❷。

カテゴリでは、おおまかなジャンルで探せます。ここでは「暮らし」をクリックします❸。

生活に関するテンプレートが表示されます。例として「ミールプランナー」を選択してみます❹。

ミールプランナーのテンプレートが表示されます。「ワークスペースに追加」をクリックすると❺、ページにテンプレートが追加されます。

> **Point**
> 「プレビュー」をクリックすると、テンプレートのプレビューを見ることができます。

❷ 他のユーザーが作ったテンプレートを探す

アイコンがNotionではないテンプレートは、ユーザーが作成したものとなります。

Notionのテンプレートと同様に「ワークスペースに追加」をクリックすることで、ダウンロードして利用できます。

なお、ユーザーが作成したテンプレートの中には有料のものもあります。

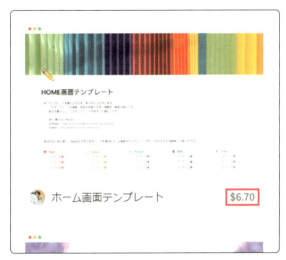

11 テンプレートを使って共有する方法

▷ ここでできるようになること

- テンプレートの共有についてわかる
- テンプレートの共有方法がわかる

❶ テンプレートを使って共有する

Notionは自分だけで使うこともできますが、誰かと共有して使うこともできます。テンプレートで作成したものを家族などで共有することで、便利に活用することもできます。共有するには、相手もNotionに登録している必要があります。また、相手はブラウザ版でもアプリ版でも共有されたページを見ることができます。

ページを開いたら、右上にある「共有」をクリックすると、共有することができます。

タスク管理

第 **4** 章

ここからは実際にテンプレートを使って、日常生活やビジネスで使える例を掲載していきます。4章ではタスクやToDoリスト、記録などをNotionで入力していく方法を紹介します。

12 タスクを洗い出す

▷ ここでできるようになること
- タスクを管理できる
- タスクごとに細かく分けられる
- ステータスや担当者なども記入できる

❶ プロジェクト＆タスク

タスク管理の有用性は、個人の生産性や組織の効率を向上させる点にあります。タスク管理を適切に行うことで、メリットが得られます。**タスクを明確に定義し、優先順位を付ける**ことで、重要な仕事に集中できるようになります。これにより、無駄な時間を減らし、効率的に時間を使うことができます。また、目で見てわかりやすいタスク表は、効率的に作業を進めることができるので、結果として生産性の向上に繋がります。**Notionでは、「プロジェクト＆タスク」というテンプレートで、タスク管理を行うことができます**。ビジネス以外にも、家族間や町内会でのタスク管理といった、普段使いとしても有効です。

「プロジェクト＆タスク」では、上画面でタスクを、下画面でプロジェクトを管理できます。

今回はテンプレートの「プロジェクト＆タスク」をダウンロードして、そこから自分の好みにカスタマイズをしていきます。タスクごとに分かれているので、どれがどの程度進行しているのかがひと目でわかります。

各タスクをクリックすると、タスクの詳細がわかるようになります。概要などを記入しておけば、共有した相手に重要な内容を確認してもらうことができるでしょう。

また、「ボード」をクリックすると、タスクを「**未着手**」「**進行中**」「**完了**」ごとに**一覧で表示**できます。もちろん、この項目は追加や削除できるので、「検討中」や「削除済」といった項目を増やしてもよいでしょう。

第4章 タスク管理

65

❷ 家族のタスク管理

例えば、下画面のように家族のタスクに置き換えて利用するのもよいでしょう。それぞれのタスクを入力し、ステータスや優先度を入れておけば、他の家族は何をすればよいのかが一目瞭然になります。また、各自で追加や削除を行えば、まさに家族のタスクとなるでしょう。テンプレートにあった「担当者」「タグ」といったものが不要な場合は削除しておきましょう。そうすることで、よりシンプルなタスク表となり見やすさが増します。なお、削除する場合は削除したい項目名をクリックして、「削除」をクリックします。

上記では家族ごとのタスクを作成していますが、キャンプで「テント張り」「薪拾い」「料理」といったタスクを作成して、それぞれやることと担当者を記入するといった利用方法も可能です。

❸ 概要のその他の使い方

「タスク」をクリックして、「**概要**」の部分を「**メモ**」として活用すると、**タスクだけではなく、タスク内でさらにやるべきことをわかるようにすること**ができます。ただ単にタスクの一覧だけで終わらせることもできますが、細かいことを記入してもよいでしょう。今回は家族間での利用方法を解説しましたが、もちろん会社のプロジェクト管理としてのタスク利用として活用することも可能です。自身の用途に応じて自由に記入を変更しましょう。

概要の欄は「メモ」として利用するのもよいでしょう。

13 タスクの手順管理をする

▷ここでできるようになること
- タスクの手順を管理する
- タスクごとに担当者を分けられる
- 日次や月次などタグで分けられる

❶ 業務手順書

業務手順書とは、**特定の業務や作業を実行する際の手順や方法を詳細に記載した文書のことです**。この文書は、従業員が正確かつ効率的に業務を遂行するためのガイドラインとして機能します。新入社員の教育や業務の標準化、品質管理、効率向上などに役立ちます。また、トラブルが発生した際の迅速な対応や、業務の継続性を確保するためにも重要です。

> 「新規」を追加していくことで、業務を追加できます。

「業務手順書」のテンプレートでは、ダウンロード段階ではあまり記入されていないシンプルなものです。「新規」をクリックして、業務を追加していきましょう。

「担当者別」をクリックすると、それぞれの担当者に対してどのような業務が割り振られているかを確認できます。割り振りは「新規」をクリックして追加してもよいですし、すでに作成した業務を担当者に追加することも可能です。

業務は「日次」や「月次」、「リリース」など、細かくタグを付けて管理することもできます。日単位での業務なのか、月単位での業務なのかをしっかり管理することで、効率化を図ることができます。

| COLUMN | タスクとは |

「タスク」という言葉の起源は、中世英語の「taske」や古フランス語の「tasque」に遡ります。これらはさらにラテン語の「taxare」（評価する、課税する）に由来します。古フランス語では、「tasque」は「仕事」や「課題」を意味し、英語に取り入れられてもその意味が引き継がれました。

現代において、「タスク」は特定の目的や目標を達成するための「仕事」や「課題」として広く使用されています。特にビジネスやプロジェクト管理の分野では、「タスク」は細かく分けられた作業やステップを指し、それぞれのタスクが全体のプロジェクトの一部を成します。こうしたタスク管理は、効率的な時間の使い方や生産性向上に不可欠です。

69

❷ シンプルな業務管理

「新規」をクリックして、業務を増やしてみましょう。業務を追加したら、担当者を割り振ります。また、「ユーザー」を招待して、他の社員と共有することもできます。**業務管理は一人では行わず、複数人で行うことが前提で考えるとよいでしょう。**

業務手順書のユーザー名をクリックすると、ユーザーの割り振りを行うことができます。

❸ 業務のタグ付けをする

業務にはそれぞれタグを付けておきましょう。ここではダウンロード時から設定されている「日次業務」や「月次業務」などを利用するとよいでしょう。また、人事担当の方は「採用」なども活用できます。

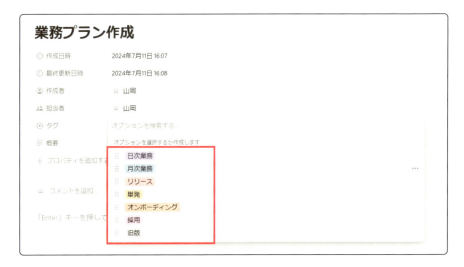

❹ 担当者別、タグ別で確認する

担当者を割り振ると、「担当者別」タブで担当者ごとに割り振った業務を確認することができます。担当者に割り振った業務が偏ってないか、割り振ってない人がいないかどうかを確認しながら業務を進めることで、円滑に作業できることでしょう。

「タグ別」タブを確認すると、タグを付けた業務ごとに一覧表示されます。何が日次で何が月次なのかを確認できるので、作業の優先度を付けることができます。また、担当を割り振っていると、担当者も一緒に確認できます。

今回はビジネス利用としての使い方を紹介しましたが、普段使いとしての手順管理で活用できます。

14 タスクの優先度を設定する

▷ここでできるようになること
- タスクに優先度を付けられる
- ステータスで管理できる
- 重要案件かどうかのラベルを付けられる

❶ タスク&課題管理

タスクの優先度を設定することで、最も重要な業務に時間とエネルギーを集中させることができます。これにより、期限に間に合うように作業を進めることができ、時間の無駄を減らします。また、**重要なタスクを迅速に完了させることができ、全体の生産性が向上**します。重要なタスクが完了すると、次のタスクにスムーズに移行できるため、業務の流れがスムーズになります。タスクが多いときでも、優先順位を明確にすることで、どのタスクに集中すべきかが分かりやすくなり、精神的な負担が軽減されます。これにより、焦りやストレスを感じることなく作業を進めることができます。

「対応中」などステータスで管理できます。

限られたリソース（時間、労力、資金など）を最も重要なタスクに割り当てることができるため、**リソースの無駄遣いを防ぎ、効率的に業務を進めること**ができます。長期的な目標やプロジェクトの達成に向けた道筋を明確にすることができます。重要なタスクを優先的に処理することで、全体の目標達成に近づくことができます。

さらに、問題が大きくなる前に対処することができます。**重要なタスクや問題に早期に対応することで、大きなトラブルやリスクを未然に防ぐことができます**。チーム全体で優先順位を共有することで、誰が何をすべきかが明確になり、チーム内でのコミュニケーションや協力がスムーズになります。これにより、チーム全体のパフォーマンスが向上します。

もちろん「担当者別」に確認することもできます。

「重要」タグを付けることで、どの案件が重要度が高いかをひと目でわかるようにできます。ステータスやタグを付けて管理することで、タスクでどれが優先度が高いのかがわかり、共有することで他の人からも見てわかるようになります。また、Notionの表を使うことで優先度が高い業務に時間がかかっているようであれば、担当者に確認してさらに作業を細かく分担するなど、トラブルになる前に対処することも可能でしょう。

❷ 学校父母会のタスクを作成

それではテンプレートを利用して、学校での父母会のタスクを例に作成してみましょう。各生徒の家庭と共有することで、円滑に作業を進めることができ、どれが進行中でどれが完了しているのかを確認することができます。

タスクは誰が担当するかを割り振ることで、どれを担当すればよいのかがわかりやすくなります。今回は「父母会」と「教員」で作業を分けてみました。

非常に重要なものには「重要」タグを付けておきましょう。タグ付けによってタスクの優先度がパッと見てわかるようになります。

期限の日時を設定しておくと、いつまでに終わらせればよいのかもひと目でわかるようになります。また、他の人からも見えるので、未着手の作業に重要タグが付いており、期限がある場合は担当者に相談することもできます。

❸ 詳細を確認する

各タスクをクリックすると、そのタスクについての詳細を確認することができます。ステータスやタグ、チームなどを確認できるので、共有する際も簡単です。また、チームではなくさらに個人での担当者を設定することもできます。なお、「プロパティを追加する」から、メモや概要などをさらに追加することも可能です。

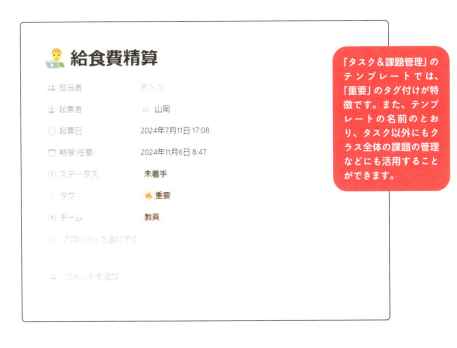

「タスク＆課題管理」のテンプレートでは、「重要」のタグ付けが特徴です。また、テンプレートの名前のとおり、タスク以外にもクラス全体の課題の管理などにも活用することができます。

15 目標達成のためのロードマップを作る

▷ ここでできるようになること

- ロードマップを作成する
- タスクごとに管理できる
- カレンダーで管理できる

❶ ロードマップ

ロードマップ（Roadmap）は、特定の目標やプロジェクトに向けた計画や戦略を示す文書や図表のことです。ロードマップは、どのようなステップを踏んで目標に到達するのか、どのようなリソースやタイムラインが必要なのかを明確にするために使用されます。具体的には、以下のような要素が含まれることが多いです。

1. 目標設定：最終的な目標や達成すべき成果を明確にします。
2. タイムライン：プロジェクトの各ステップやマイルストーンを時間軸に沿って示します。
3. リソース計画：必要なリソース（人材、資金、設備など）を特定します。
4. リスクと対策：潜在的なリスクや問題点、およびそれに対する対策をリストアップします。
5. 進捗管理：進捗状況を評価・追跡する方法を定義します。

Notionのテンプレートの「ロードマップ」では、カレンダーやタスク、ステータスごとにタブが用意されており、それぞれで管理することができます。

「カレンダーで開く」をクリックすると、Googleカレンダーが表示され、同期させることも可能です。

もちろん、優先度を設定することもできるので、どの作業が目標達成のために重要で最優先なのかがすぐにわかります。ビジネスにおいても、個人での目標達成においても、活用できるテンプレートです。

❷ キャリアのロードマップ作成

それではテンプレートを利用して、自身の転職活動（就職活動）のロードマップを作成してみます。就活に必要な資格試験やセミナーへの参加をタスクとして設定します。

「完了」や「対応中」など自身が今何をしていて、何ができていないのか、何が完了しているのかをしっかり把握できるように設定しましょう。

「種別」も大まかに分けるとよいでしょう。今回は資格関連を「資格」、就職活動関連を「転職」、その他のタスクを「タスク」として分けてみました。

❸ カレンダーを設定する

セミナーの参加日は資格試験の日程などを忘れないように「カレンダー」タブに記入をしておきましょう。カレンダーは月ごとに見ることができるので、月単位でのスケジュールを立てることができます。

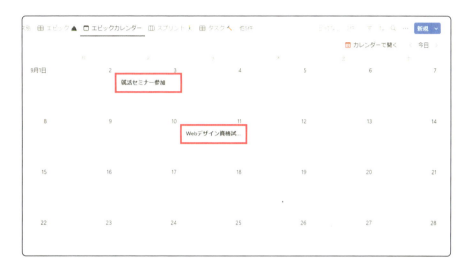

❹ 優先度を設定する

転職活動にも優先度は発生することでしょう。特に資格試験や就活セミナーへの参加は必須と言えます。優先度はしっかりと付けておくとよいでしょう。優先度は数値化したり、色分けしたりすると視覚的にもわかりやすくなります。

16 目標達成スケジュールを決める

▷ ここでできるようになること
- プロジェクトを管理できる
- ステータスを設定できる
- 期限を設定できる

❶ プロジェクト管理

プロジェクト管理（プロジェクトマネジメント）とは、特定の目標を達成するために、**計画、実行、監視、制御、完了の一連のプロセスを組織的に管理すること**です。プロジェクト管理の目的は、プロジェクトを期限内に、予算内で、そして期待される品質で完了させることです。今回は主にプロジェクト計画について紹介します。プロジェクト計画の要素は以下の4つですが、Notionで設定する場合はここまで綿密な設定をしなくてもよいでしょう。

1. 目標設定：プロジェクトの目的と達成すべき成果を明確にする。
2. スコープ定義：プロジェクトの範囲と具体的なタスクを特定する。
3. スケジュール作成：タスクの順序と所要時間を決定し、タイムラインを作成する。
4. コスト見積もり：必要な資金やリソースを見積もる。

❷ 新商品の企画スケジュールを設定する

今回は例として、「新商品の企画〜営業」までのスケジュールを設定してみます。新商品の企画概要から、サンプルの作成、営業までの流れを順次設定しましょう。

撮影からサムネイルの作成までのプロジェクトを設定しました。

それぞれのステータスを設定します。今回は「完了」「進行中」「未着手」の3つで分類を分けました。これはもともとのテンプレートのものを使っているので、新規に作成する必要がありません。

COLUMN 目標のスケジュールを立てることの重要性について

スケジュールを立てることで、目標に到達するための具体的なステップが明確になります。これにより、どのように進むべきかの道筋がはっきりし、混乱や迷いを減らすことができます。どのタイミングでどのリソースが必要になるかを計画できます。リソースの無駄遣いや不足を防ぎ、効果的に活用することができます。

また、明確なスケジュールがあることで、目標達成への進捗が視覚的に確認できるため、モチベーションが維持しやすくなります。達成感を感じることで、さらに努力を続ける意欲が湧いてきます。

❸ 期限を設定する

それぞれのプロジェクトに期限を設定しましょう。そうすることで、いつまでにプロジェクトを達成すればよいのかがわかりやすくなります。また、下記に「範囲」を設定することができ、すべてのプロジェクトを完遂するまでにどれくらいの期間がかかるのかを自動で計算してくれます。

❹ 各プロジェクトの詳細を設定する

各プロジェクトの「開く」をクリックすると、詳細を設定することができます。メモを追加したり、何をすればよいのかについての概要を記入したり、さまざまな用途で活用しましょう。

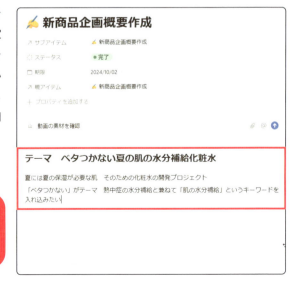

今回は新商品のテーマをいつでも見返せるように、メモとして活用しました。

17 NotionでToDoリストを作る

▷ ここでできるようになること

やることを管理できる

各タスクに担当者を割り振れる

期限を設定できる

❶ ToDoリスト

ToDoリストとは、**日常のタスクやプロジェクトの管理に役立つシンプルなツール**です。基本的には、やるべきことをリスト形式で書き出し、順番に片付けていくためのものです。これにより、何をすべきかが明確になり、効率的に作業を進めることができます。ToDoリストの主な利点の一つは、タスクを頭の中で覚えておく必要がなくなることです。書き出すことで忘れる心配が減り、精神的な負担が軽くなります。また、リスト化することで重要なタスクをひと目で把握できるため、効果的に時間を使うことができます。

ToDoリストを効果的に活用するためには、タスクを具体的に書き出し、大きなタスクは小さな実行可能なステップに分けることが重要です。これにより、何をすべきかが明確になり、取り組みやすくなります。毎日リストを見直して優先順位を再確認し、日々の目標を明確にすることも、計画的に行動するために役立ちます。

ToDoリストは、個人の生産性を向上させ、計画的に行動するための有力なツールです。タスクをリスト化することで、日常の混乱を減らし、効率的に目標に向かって進むことができます。

❷ 家族間のToDoリストを作成する

今回は例として、「家族間での畑についてのToDoリスト」を作成してみます。それぞれのタスクにしっかりと誰が行うかの割り当ても行います。

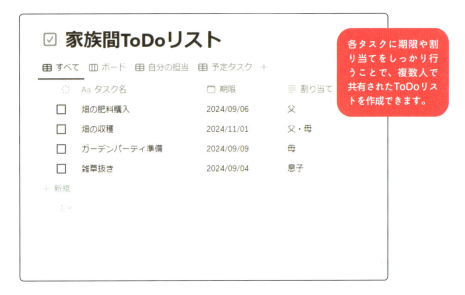

各タスクに期限や割り当てをしっかり行うことで、複数人で共有されたToDoリストを作成できます。

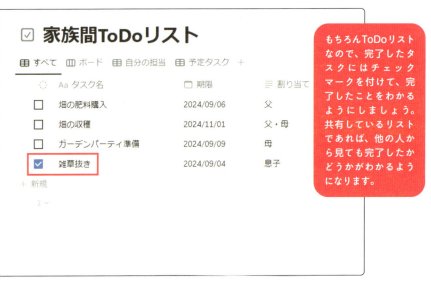

もちろんToDoリストなので、完了したタスクにはチェックマークを付けて、完了したことをわかるようにしましょう。共有しているリストであれば、他の人から見ても完了したかどうかがわかるようになります。

❸ ToDoリストにステータスや優先度を設定する

テンプレートの「自分の担当」タブでは、各タスクにステータスや優先度を設定することができます。進行具合ややることの重要性がわかるので、設定しておくとよいでしょう。なお、優先度が高いものほど上に表示されます。

優先度が設定されると、「ボード」タブでは優先度別にToDoリストが一覧で整理されます。何が重要なのか、優先度が低いものは後回しにするかどうかの判断など、「ボード」タブで判断するとよいでしょう。

18 日々の記録を行う

▷ここでできるようになること
- 日記をNotionで付ける
- 日記を習慣にできる
- 内容を分類分けできる

❶ 日記

日記は、**個人が日々の出来事や感じたこと、思ったことを記録するための文章**です。日記を書くことは、自己表現や自己理解の一環として非常に有用です。まず、日記は個人的な記録であり、他の誰かに見せるためのものではなく、自分自身のためのものです。これにより、自由に自分の感情や考えを表現することができます。

日記を書く際には、日付ごとに記録を付けることが一般的です。毎日、または特別な出来事があった日に、その日の出来事をその日に記録します。これは、時間が経った後に振り返ったときに、具体的な日時と共に思い出を追体験する助けとなります。

日記を書く習慣を持つことで、日々の生活に対する洞察が深まり、自分自身をよりよく理解する手助けとなります。

Notionのテンプレートの「日記」では、シンプルな作りながらも視覚的にわかりやすく、一文で簡単に日記タイトルを並べることができます。各日記をクリックすると、詳細が表示される仕組みです。

また、日記を分類ごとに分けることができます。「日々のこと」以外にも「学校」「仕事」「趣味」といった分類を増やすことも可能です。

COLUMN 日記を習慣にするメリットとは？

日記を書くことで、自分の考えや感情を整理し、自己理解を深めることができます。定期的に自分自身と向き合う時間を持つことで、過去の出来事や自分の反応を振り返り、自己成長に繋がります。

また、感情の吐き出し口として役立ちます。ストレスや不安、怒りなどを紙に書き出すことで、感情を整理し、心の負担を軽減することができます。これにより、メンタルヘルスの向上が期待できます。

自分自身の人生の記録として役立ちます。後になって過去の日記を読み返すことで、過去の自分の考えや感情、出来事を振り返ることができ、自己の成長を実感することができます。また、将来的に自分の子孫にとっても貴重な記録となるでしょう。

日記に将来の目標や計画を書くことで、目標設定が明確になり、達成へのモチベーションが高まります。定期的に目標を振り返り、進捗を確認することで、目標達成に向けた具体的な行動が取りやすくなります。

❷ 旅行の日記を付ける

今回は「ハワイ旅行」の日記を例に作成してみましょう。旅行記となるので、日付ごとに書くとわかりやすいです。また、何がメインの日記なのかサブタイトルを入れてもよいでしょう。今回は「ホテル」や「海水浴」など、その日に何をしたかをサブタイトルとして入れています。

> 🏁 **日記**
> 嬉しかったことや、特別な日のこと、人生の目標への思いなど、様々なことを文章にしましょう。
> 作成日は自動で記録され、タグを付ければ日記を分類できます。
>
> ↓タブを切り替えると、日々のことや個人的なことなど、カテゴリー別に絞り込んだビューを確認できます。
>
> ≡ すべて　≡ 日々のこと　≡ 個人的なこと　＋
>
> 🌐 ハワイ旅行初日　ホテル
> 🌊 ハワイ旅行2日目　海水浴　エメラルドグリーンの海
> 🏞 ハワイ旅行3日目　ダイアモンドヘッドへ登った
> 🍴 ハワイ旅行4日目　ショッピングとグルメで街を散策
>
> ＋ 新規

各日記をクリックすると詳細が表示されるので、簡単なコメントを入れておくとよいでしょう。今回は多くの記入を行わない形で簡単に書ける一言日記の形にしていますが、もちろん具体的な内容をたくさん書いた充実した日記にしてもOKです。

> 🌊 **ハワイ旅行2日目　海水浴　エメラルドグリーンの海**
>
> ○ 作成日　　　2024年7月13日 11:30
> ≡ タグ　　　　未入力
> ＋ プロパティを追加する
>
> 山 山岡 たった今
> 　　とても綺麗な海で海水浴！　イルカの群れも見ることができてすごくうれしかった
>
> 山 コメントを追加...

❸ 日記に写真を挿入する

Notionにはもともと画像や動画をアップロードできる機能があります。それを利用して旅行で撮影した写真も一緒に掲載してみましょう。 をクリックして、写真を選択すると、写真や動画をアップロードすることができます。なお、日記を他の人と共有している場合、他の人がアップした写真で をクリックすると、ダウンロードすることもできます。

❹ 日記にタグを付ける

日記にタグ付けをしておくと、後から見返す際にタグで日記を整理しやすくなります。タグを絶対付ける必要はありませんが、付けておくと便利に活用できることを覚えておきましょう。

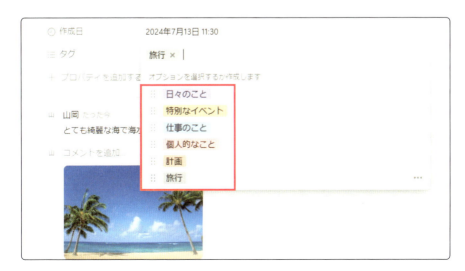

19 メモ習慣を付ける

▷ここでできるようになること
- メモの習慣を付ける
- メモの内容を分けられる
- Webページのリンクを埋め込みできる

❶ クイックメモ

「クイックメモ」は、**迅速にメモを取るための便利なツールやアプリケーションのこと**を指します。これを利用すると、重要な情報やアイデアを瞬時に記録し、後で簡単に見直すことができます。スマートフォンやタブレットには、クイックメモ機能が搭載されていることが多く、デジタルメモ帳やWebブラウザの拡張機能としても提供されています。

クイックメモの主な特徴として、テキストの入力や手書きによるメモ作成が容易である点が挙げられます。また、画像や音声を添付して視覚的・聴覚的な情報も一緒に保存できるため、さまざまな情報を一元管理することが可能です。さらに、リマインダー機能を使えば、特定の時間や場所で通知を受け取ることができ、メモを忘れずに活用できます。クラウド同期機能を使えば、複数のデバイス間でメモを共有できるので、どこからでもアクセス可能です。また、タグやカテゴリーを設定することで、メモを整理しやすくし、必要な情報を素早く見つけ出すことができます。

クイックメモは、個人的なアイデアの整理や仕事のタスク管理、買い物リストの作成など、多岐に渡る用途で利用されています。

Notionでメモを取るメリットは、スマートフォンやタブレットでメモしたことを、後からパソコンで見返したり整理したりできることです。さまざまな端末で利用できるNotionならではの特徴で、外出先でメモを取るときはスマートフォン、自宅でメモを取るときはタブレットやパソコンなど、使い分けができます。

しかしメモを取るといっても、何気ないことはメモを取るのも面倒という方もいらっしゃるかもしれません。でもその何気ないことが後から役に立ってくる場合もあります。普段の行動で感じたことなど、簡単な出来事からメモを取る習慣を付けてみるのはどうでしょうか？

思いついた短編小説を書いてみたり、ToDoリストを作ってみたりするなど、メモの内容はさまざまです。

COLUMN 身に付けよう！　すぐメモ習慣

現代社会では、情報が溢れているため、重要なことを見逃さず、効率的に管理することが求められます。そのために有効なのが「すぐメモ習慣」を身に付けることです。すぐメモ習慣とは、思いついたアイデアやタスク、重要な情報を瞬時に記録する習慣のことを指します。この習慣を取り入れることで、頭の中を整理し、忘れ物を減らし、生産性を向上させることができます。

メモの取り方も工夫しましょう。具体的で簡潔な言葉を使い、後で見返したときにわかりやすいように記録します。日付や時間、場所などの情報も加えておくと、記憶を呼び起こしやすくなります。また、カテゴリーやタグを活用して、メモを整理することも重要です。これにより、必要な情報を素早く見つけることができます。

すぐメモ習慣を身に付けることで、忘れがちなタスクやアイデアを逃さずにキャッチできるようになります。これにより、仕事や日常生活でのミスを減らし、よりスムーズに物事を進めることができます。また、メモを取ることで頭の中を整理する効果もあります。書き出すことで考えが明確になり、次に何をすべきかが見えてくるのです。

忙しい現代人にとって、すぐメモ習慣は強力な助けとなります。今日からさっそく、すぐメモ習慣を身に付けて、効率的な毎日を送りましょう。

❷ まずは何でもよいのでメモを取る

今日の出来事などをメモに残しておくことから始めてみましょう。日記のように具体的に書く必要はありません。「何をしたか」「何を感じたか」くらいのお手軽なもので大丈夫です。手軽なほうが習慣になり、続けることができます。下の画面では、仕事のスケジュールをメモとして記入しています。

クイックメモ
- 朝礼前に資料を用意
- 午前10時より第一会議室でミーティング
- 午後2時より取引先訪問
- 退勤後に郵便物を投函する

「クイックメモ」のテンプレートにはToDoリストの欄もあります。メモを残しておくだけではなく、これからすることをあらかじめ記入しておくと、日々を過ごすうえで充実した生活を送れるでしょう。

ToDoリスト
- ☐ Webサイト更新
- ☑ 新商品開発の進行具合確認
- ☐ 報告書まとめ
- ☐ コピー用紙発注作業

メモとToDoリストを並行して利用することは、日々の生活や仕事をより効率的に管理するための効果的な方法です。メモは、自由な発想やアイデア、観察したことを記録する場として機能し、日々の出来事や思考を整理するのに役立ちます。一方、ToDoリストは具体的なタスクや目標をリストアップし、優先順位をつけて管理するためのツールです。両者を併用することで、メモに記録したアイデアや思考を具体的なアクションに結びつけることができます。例えば、メモに書き留めたプロジェクトのアイデアをToDoリストに追加し、実行可能なステップとして分解することで、実現可能性が高まります。また、ToDoリストを定期的に見直し、完了したタスクや進捗状況をメモに記録することで、自己評価や改善点の発見にも繋がります。このように、メモとToDoリストを並行して利用することで、柔軟な発想と具体的な行動計画が融合し、効率的で効果的な自己管理が可能となります。

❸ 気になったWebページを埋め込む

気になったWebページをメモしておくのもよいでしょう。Notionには埋め込み機能があります。ブロックに「Webブックマークを追加する」というものがあるので追加し、気になったWebページのURLを入力すると、Notionにブックマークとして残しておくことができます。

ブロックのをクリックします❶。

「メディア」の「Webブックマーク」をクリックします❷。次のページでURLを入力して確定すると、埋め込みができます。

20 書いたメモの整理術

▷ここでできるようになること
- メモの整理ができる
- 読みやすいメモのことを知る
- メモに便利なブロックを配置する

❶ デジタルのメモの整理とは

デジタルのメモの整理とは、スマートフォンやタブレット、パソコンなどのデジタルデバイス上で作成したメモやノートを効率的に管理することを指します。この整理の目的は、必要な情報を素早く見つけ出し、使いやすくすることです。まず、メモをカテゴリーごとにフォルダに分けることで、関連するメモをまとめて管理できます。例えば、仕事、個人、買い物リスト、アイデアなどのフォルダを作成することで、メモの分類が簡単になります。また、タグを使ってメモにラベルを付けることで、検索が容易になります。複数のタグを付けることで、同じメモを複数のカテゴリーに属するものとして整理できます。

さらに、メモのタイトルを具体的でわかりやすいものにすることも重要です。これにより、後で見返したときに何についてのメモかをすぐに理解できます。また、メモを取った日付や時間を記録することで、時系列に整理することができ、メモの作成時期を簡単に確認できます。多くのデジタルメモアプリには検索機能が搭載されているため、キーワードを入力するだけで関連するメモをすぐに見つけることができます。定期的にメモを見直し、不要になったものを削除したり、フォルダやタグの整理を行ったりすることで、常に最新の状態を保つことができます。

さらに、クラウドサービスを利用してメモを同期することで、複数のデバイスからアクセスできるようにすることも有効です。これにより、どこにいても最新のメモにアクセスできるようになります。デジタルのメモを整理することで、必要な情報をすぐに取り出すことができ、効率的にタスクを管理できるようになります。また、情報が散逸するのを防ぎ、いつでも適切に対応できるようになります。

❷ 時間帯で整理

日々の出来事をメモする場合は、時間帯で整理するとよいでしょう。時系列順に並べて整理すると、その日の出来事をそのまま追えるので、思い出す際に便利です。

時間メモ

午前8時　通勤途中で綺麗な花を見つけた　次回はカメラを持って写真を撮りに行こう
午前10時　新商品のサンプルの確認をした　もう少しバラの香りを入れたものも増やしたい
正午　お昼休憩中に簡単に午後のスケジュールチェックをする
午後2時　上司との面談

❸ ToDoで整理

買い物メモはToDoリストでチェックを付けられるようにするとわかりやすいです。買った物にはチェックを付ければ、買い忘れや多重買いを防ぐことができます。

買い出しメモ

☐ レトルトカレー
☐ 買い置きシャンプー
☐ 歯ブラシ
☐ 柔軟剤

❹ 雑記メモを用意する

ジャンル以外の雑記のメモ欄も用意しておきましょう。ただ単にメモを取りたいけれど、ジャンル分けしてないことだから書けない、というのはもったいないので、ノンジャンルの「雑記」という形で枠を用意しておくと活用できます。

> **雑記**
> 雨が降りそう　早めに帰宅して洗濯物を取り込む
> 家に帰ったら茶葉がまだ残ってるか確認
> 押し花を作りたい
> 実家に電話

❺ 引用メモを用意する

Notionには「引用文」のブロックがあります。好きな小説や文学などの一文を引用メモとして残しておくのもよいでしょう。引用した場合は、何からの引用なのかもしっかり書いておくとよいです。余裕がある場合は何ページ何行目も書いておくと、読み返すときにすぐ見つけることができます。

> たいして興味のないようなことを話しだしてみて、はじめて、何に一番興味があるかがわかる。
>
> ライ麦畑でつかまえてのお気に入りの一文

COLUMN　雑記メモとは

「雑記メモ」とは、特定のテーマや目的に縛られずに自由に書き留めるメモのことです。日々の思いやアイデア、観察したこと、興味を持ったことなどを記録するためのもので、書き手の自由な発想や感じたことをそのまま表現することができます。

例えば、日記のようにその日の出来事や感じたこと、考えたことを書き留めることもあります。また、突然思いついたアイデアや新しいプロジェクトの構想を忘れないように記録するためのものとしても使われます。さらに、街で見かけた風景や自然の中で感じたこと、友人との会話で得たインスピレーションなど、日常の中でふと感じたことや観察したことをメモしておくこともできます。

雑記メモは、その時々の自分の気持ちや考えをそのまま表現できるので、後で見返すと当時の自分の心境や考え方を思い出す手がかりにもなります。また、特定のテーマに縛られないため、自由な発想で書けるのが特徴であり、創造力を刺激するツールとしても役立ちます。

COLUMN　普段何気ないことをメモするメリット

普段何気ないことをメモすることは、一見無駄に思えるかもしれませんが、実は多くのメリットがあります。日常のちょっとした出来事や思いつきを記録することで、思考の整理や記憶力の向上、さらには創造力の刺激など、さまざまな利点が得られます。

まず、普段の出来事をメモすることで、思考の整理が容易になります。頭の中にある漠然とした考えやアイデアを具体的な言葉にすることで、頭の中がクリアになり、次に何をすべきかが見えやすくなります。特に、仕事や勉強においては、タスクの優先順位を付けやすくなり、効率的に作業を進めることができます。また、感情や考えを記録することで、自己理解が深まり、ストレスの軽減にも繋がります。

次に、メモを取ることで記憶力が向上します。人間の脳は、一度に多くの情報を保持するのが苦手ですが、メモを活用することで、その制限を補うことができます。書き留める行為自体が記憶の定着を助け、必要なときに情報をすぐに思い出すことができるようになります。特に、重要な会議や講義の内容をメモすることで、後から見返して復習することができ、理解を深めるのに役立ちます。

さらに、メモを取る習慣は創造力の刺激にも繋がります。ふとした瞬間に浮かんだアイデアやインスピレーションを逃さず記録することで、新しい発想やプロジェクトのきっかけを得ることができます。多くのクリエイティブな仕事に携わる人々がメモ帳を手放さない理由はここにあります。何気ないひらめきが、大きな成功の鍵となることも少なくありません。

また、メモを見返すことで自己成長を実感することもできます。過去のメモを振り返ると、自分の考え方や感情の変化、成長の軌跡が見えてきます。これにより、自分自身の進歩を確認し、さらに成長するためのモチベーションを得ることができます。また、過去の失敗や成功の記録を参照することで、同じ過ちを繰り返さず、より良い判断を下すことができるようになります。

最後に、普段のメモは他者とのコミュニケーションの助けにもなります。例えば、会話中に相手の言葉をメモしておくことで、後から正確な情報を伝えることができます。また、メモを共有することで、チームメンバーとの情報共有がスムーズになり、協力して問題を解決する際に役立ちます。

このように、普段何気ないことをメモすることには多くのメリットがあります。思考の整理や記憶力の向上、創造力の刺激、自己成長の実感、そして他者との円滑なコミュニケーションなど、さまざまな面で生活や仕事の質を向上させる手助けとなります。今日からでも、ちょっとしたことをメモする習慣を始めてみましょう。

21 課題を管理する

▷ここでできるようになること
- 課題の進行具合を管理できる
- 終了した課題を一括で完了にできる
- 進行する順番で管理できる

❶ 課題管理

ビジネスや私生活における課題管理は、**効率的にタスクを遂行し、目標を達成するために非常に重要**です。課題管理を行う際には、まず取り組むべき課題やタスクを特定することから始めます。これには、自分が何を達成したいのかを明確にし、具体的で達成可能な目標を設定することが含まれます。例えば、仕事ではプロジェクトの締め切りを守るために必要なタスクを洗い出し、私生活では家事や個人的なプロジェクトの進捗を管理します。

次に、課題の優先順位を設定します。すべてのタスクを同時に進めることは難しいため、重要性と緊急性を考慮してタスクを優先順位付けします。重要で緊急なタスクから取り組むことで、時間を効率的に使い、重要な目標を達成しやすくなります。例えば、ビジネスでは顧客対応や期限のあるプロジェクトが優先され、私生活では健康や家族との時間が重要視される場合があります。

「進行中」や「完了」のステータスで、縦で課題を見ることができます。完了したものを右にスライドしていくようになっています。

テンプレート上では「スプリント1」「スプリント2」ごとに課題を分けてあります。これを活用する場合、スプリントごとに課題を分けておくことで、1つのスプリントを完遂するにはいくつの課題があるかを見ることができます。

COLUMN 課題管理で大切なのはフィードバック

定期的なレビューとフィードバックも課題管理には重要です。一定期間ごとに自分の進捗状況を確認し、必要に応じて計画を見直します。ビジネスでは週次や月次のミーティングでプロジェクトの進捗を確認し、課題やリソースの調整を行います。私生活では、週末に次週の予定を立てたり、月末に振り返りを行って生活の改善点を見つけたりします。

❷ 在宅の商品販売の課題管理

今回は「在宅商品販売」の課題管理を例に作成してみましょう。やることを細かくタスク化して表に入れていきます。「商品受注」や「仕入れ」、「購入者への対応」などやることは非常に多いです。課題管理という形にはなりますが、視える化することで作業の進行度を把握しましょう。

右画面のようにそれぞれに優先度を付けてもOKです。

❸ 課題を完了させて次の段階に移動する

「スプリントを完了」をクリックすると、右画面が表示されます。今回では「商品受注」「商品準備」「商品発送」でそれぞれのタスクを分けています。「商品準備を完了」することで次の段階の「商品受注」へ移動します。

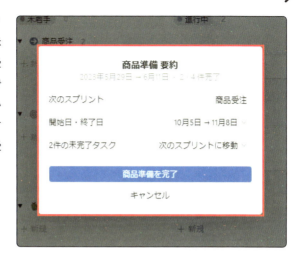

❹ 計画表にする

「スプリント計画」タブをクリックすると、それぞれの項目とタスクが一覧化されて表示されます。この画面ではタスクやToDoリストのような形で管理ができるので、直観で操作しやすい画面で行うことができます。

> タスクのようにステータスや優先度も付けることができます。

第4章 タスク管理

22 反省／改善

▷ここでできるようになること
- 反省点と改善点をNotionに記録できる
- 改善点から見えた対応方針を設定できる
- レビューとフィードバックを記入できる

❶ パフォーマンス改善計画

ビジネスや私生活におけるパフォーマンスの改善は、**効果的な時間管理、明確な目標設定、健康管理、持続可能な習慣の形成などを通じて達成**されます。まず、時間管理が重要です。自分の時間の使い方を見直し、優先順位を明確にすることで、効率的にタスクをこなせるようになります。ビジネスでは、重要なタスクに集中するために時間をブロック形式でスケジュールする方法が効果的です。例えば、朝の時間を重要なプロジェクトに割り当て、午後はミーティングやルーティンタスクに充てることで、集中力を最大限に活用できます。

次に、**明確な目標設定**が欠かせません。具体的で達成可能な目標を設定し、それに向けた具体的なアクションプランを立てることが重要です。ビジネスでは、年間目標を四半期ごと、月ごと、週ごとに分解し、それぞれの段階で進捗を確認します。私生活では、健康や自己啓発、趣味などの分野で達成したい目標を設定し、それに向けた日々の習慣を作ります。

❷ テストの点数の改善計画

今回は「子供の学校のテストの点数」の改善計画を立ててみましょう。まずは「パフォーマンスギャップ」です。ここには、なぜ計画を立てるに至ったかを記入して、そこから考える目標もしっかりと考えておきます。また、目標を遂行するにはどうしたらよいかを記入しておくのもよいでしょう。

> **パフォーマンスギャップ**
> - テストの点数が平均点より5点低かった
>
> **目標**
>
> | ターゲット | 測定方法 | スケジュール |
> |---|---|---|
> | 算数 | 分数計算の問題集を解く | テスト前までに |
> | 国語 | 漢字ドリルの見直し | テスト前までに |
> | 図工 | 絵具 | 授業前に |

パフォーマンスの改善で重要なのは、計画を進めた後の結果です。結果が出た場合はどうするのかを記入しておくと、モチベーションにも繋がります。なお、ビジネスの場合は、結果が未達の場合も記入しておくことが重要です。ただ計画を立てて結果が伴いませんでした、では今後の仕事に悪い影響が出る可能性もありえるからです。

> **結果に応じた対応方針**
> - テストの平均点より5点上をまずは目指す、到達した場合はお小遣いアップ

もちろんレビューやフィードバックを記入しておくことが大切です。これは、本人が記入してもよいですし、監督者が記入してもよいです。Notionで行う場合は本人が書くことが多いと思いますが、共有している場合は監督者に依頼しましょう。

> **レビュー/フィードバック予定**
> 進捗状況を話し合い、サポートを提供し、指導を行うための定期的なミーティングなど、継続的な見直しとフィードバックのプロセスを概説します。
>
> | 日付 | 実施内容 |
> |---|---|
> | 2024/11/3 | 漢字の理解度 |
> | 2024/11/5 | 家族で絵画鑑賞へ |

| COLUMN | **レビューとフィードバックの重要性** |

レビューとフィードバックは、ビジネスや私生活における成長と改善において非常に重要な役割を果たします。

レビューは、自分の進捗や成果を定期的に振り返るプロセスです。ビジネスでは、プロジェクトや業務の進行状況を評価し、目標達成に向けた戦略や計画の有効性を確認します。例えば、四半期ごとにプロジェクトの進捗をレビューすることで、スケジュールの遅れやリソースの不足などの問題を早期に発見し、対応することができます。これにより、プロジェクトが予定通りに進行し、目標を達成する確率が高まります。私生活においても、レビューは自己成長の重要な手段です。例えば、月末に自分の生活習慣や目標の進捗を振り返り、健康管理や時間管理、学習の成果を評価します。このような定期的な振り返りは、自分の行動が目標達成にどの程度寄与しているかを確認し、必要な修正を行うための重要な手がかりとなります。

フィードバックは、他者からの意見や評価を受け取るプロセスです。ビジネス環境では、上司、同僚、部下、顧客など、さまざまなステークホルダーからのフィードバックが重要です。これにより、自分の業務の質やパフォーマンスについての客観的な視点を得ることができます。例えば、定期的なパフォーマンス評価やプロジェクト終了後のフィードバックセッションを通じて、自分の強みや改善点を把握し、より良い成果を生み出すための具体的なアクションを計画することができます。私生活でも、家族や友人、同僚からのフィードバックは、自己改善のための貴重な情報源です。例えば、パートナーとのコミュニケーションや友人との関係に関するフィードバックを受け取ることで、自分の行動が他者にどのように影響しているかを理解し、人間関係をより良好に保つための改善点を見つけることができます。

レビューとフィードバックを統合することで、より効果的な改善が可能になります。例えば、定期的な自己レビューを行い、その結果をもとに他者からのフィードバックを求めることで、自分自身の評価と外部からの評価を比較し、より客観的な視点から自己改善を図ることができます。また、フィードバックを受け取った後にその内容をレビューし、自分の行動計画に反映させることで、持続的な成長を実現できます。これらのプロセスを習慣化することで、ビジネスと私生活の両方で持続的な成長と改善を実現し、より高いパフォーマンスを発揮することができるでしょう。

スケジュール

第 5 章

5章では、スケジュールをNotionで作成する方法を紹介します。1日単位や月単位で作成したり、着手／未着手の管理を行ったりなど、Notionのテンプレートによって多岐に渡る活用方法があります。

23　1日のスケジュールを管理する

▷ここでできるようになること
- スケジュールを管理できる
- 内容ごとに一覧を切り替えることができる
- 重要度で分けることができる

❶ タスク＆課題管理

1日のスケジュールをタスク管理するとは、その日の予定ややるべきことを整理し、計画的に実行するための方法やツールを利用することを指します。まず、1日の始まりにその日にやるべきすべてのタスクを洗い出します。大きなタスクは、より細かいサブタスクに分けることで、具体的に何をすべきかが明確になります。

次に、タスクの優先順位を設定します。重要度や緊急度を考慮して、どのタスクを優先するべきかを決めます。例えば、「重要かつ緊急」なタスクを最優先にし、「重要だが緊急でない」タスクは後回しにする、といった具合です。この方法は、Eisenhower Matrix（アイゼンハワーのマトリックス）として知られています。

タスクの優先順位が決まったら、それぞれのタスクにかかる時間を見積もり、スケジュールに組み込みます。時間の見積もりをすることで、無理のない計画を立てることができます。必要に応じて、余裕時間を設定しておくと、予期せぬ事態にも対応しやすくなります。

1日の終わりには、タスクの進捗を確認し、スケジュールを見直します。未完了のタスクは翌日に繰り越すか、優先度を再評価します。これにより、日々のタスクを継続的に管理しやすくなります。

P.72で紹介した同じテンプレートをここでも使ってみましょう。

今回のテンプレートの場合、「ボード」と「テーブル」で一覧を切り替えることができます。ボードではブロックで見ることができ、テーブルでは一段ごとに内容を見ることができます。

1日のスケジュールの中でも必ずやらなければならないタスクについては、「重要度」を設定しておくとよいでしょう。仮にスケジュール通りに行かない日があっても、この内容だけは絶対にやるということが直感的にわかります。忘れないようにタグ付けを行う習慣を付けましょう。

❷ スケジュールをざっくり立てる

まずは「ボード」で1日のスケジュールをざっくりと立ててみましょう。綿密にスケジュールを立てると、いざその通りに行かない場合にストレスに感じることがあります。**スケジュールにイレギュラーは付き物なので、ある程度ざっくりとしたスケジュールのほうが心にゆとりを持つことができます。**

ここでは、「今日しなくてもよいけれど、余裕があったらやるタスク」という形で「ステータスなし」のスケジュールも入れています。やってもよい、やらなくてもよい、といったような内容を組み込むことで、暇を感じることなく1日を過ごすことができるでしょう。

テーブルでも確認する

「ボード」で立てたスケジュールが「テーブル」でも反映されているかも確認しておきましょう。もとから連携されているので、問題なく反映されているはずですが、念のため確認しておくとよいでしょう。

特に重要なスケジュールにはタグ付けをして、「テーブル：重要」タブで反映されているか確認しておきましょう。「重要」タグは「ボード」でも確認できますが、重要のみに絞ったタブでも確認しておき、忘れないようにしておくことが大切です。

24 1週間のスケジュールを管理する

▷ ここでできるようになること

- 週単位スケジュールを管理できる
- ざっくりとしたスケジュールが立てられる
- 今日の曜日に色を付けてわかりやすくできる

❶ ウィークリーToDoリスト

週単位でスケジュールを立てることは、1週間の予定やタスクを計画し、より広い視野で時間を管理することを指します。この方法により、日々の細かいタスクだけでなく、週全体の目標や大きなプロジェクトを見据えた計画を立てることができます。

まず、週の始まりに1週間の目標を設定します。これは、仕事や個人的なプロジェクト、健康管理や趣味など、さまざまな分野に渡る目標です。この目標をもとに、週のタスクをリストアップします。大きなプロジェクトは、具体的なサブタスクに分解し、週内にどのように進めるかを計画します。

週の途中でスケジュールを見直し、進捗状況を確認することも重要です。計画通りに進んでいないタスクがあれば、必要に応じてスケジュールを調整します。これにより、柔軟に対応しつつ、週全体の目標達成に向けて効果的に取り組むことができます。

週の終わりには、1週間の成果を振り返り、達成できたことや改善すべき点を評価します。この振り返りは、次の週の計画を立てる際に役立ちます。週単位のスケジュール管理を習慣化することで、より効果的に時間を使い、長期的な目標達成に向けて着実に前進することができます。

今回は「ウィークリーToDoリスト」というテンプレートを使います。画面はいたってシンプルで、一週間ごとにToDoリストを作成するというものです。右にある7本の線はそれぞれ曜日を示しており、確認することができます。

上の画面で曜日をクリックすると、リストで曜日に色が付きます。

COLUMN 週ごとのToDoリスト作成の重要性

週間のToDoリストを作ることで、全体像を把握することができます。週単位でタスクを計画することで、各日のタスクがどのように連携しているかを理解しやすくなります。これにより、日々の活動がバラバラにならず、整然と進めることができます。

バランスの取れた生活を送るためにも有効です。仕事だけでなく、個人的な時間やリフレッシュの時間も計画に組み込むことで、全体的なバランスを保ちやすくなります。これにより、仕事とプライベートの両立がしやすくなり、全体的な生活の質を向上させることができます。

❷ 1週間のスケジュールを立てる

1週間のスケジュールをざっくりと立ててみましょう。今回はToDoリストで作成するということもあり、細かく作る必要はありません。もともとが簡単なテンプレートなので余計に追加する必要もないでしょう。

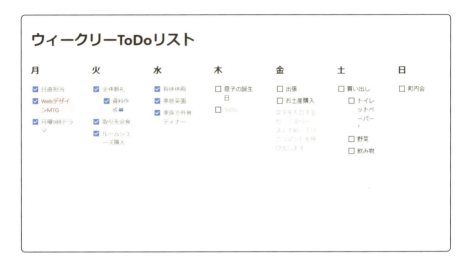

内容に共通性のあるものは、字下げをするとわかりやすくなります。また、例えば買い出しの欄も買い物をするということと、買う物について字下げで一緒にしておくとよいでしょう。

❸ 終わった内容はチェックを付ける

ToDoリストなので、終わった内容はチェックを付けておきましょう。チェックを付けると、ToDoリストの内容に薄く取り消し線も表示されます。

月	火	水	木
☑ 日直担当	☑ 全体朝礼	☑ 有休休暇	☐ 息子の誕生日
☑ WebデザインMTG	☑ 資料作成🛏	☑ 家庭菜園	☐ ToDo
☑ 月曜9時ドラマ	☑ 取引先会食	☑ 家族で外食ディナー	
	☑ ルームシューズ購入		

COLUMN ToDoリストを習慣付けるということ

ToDoリストを習慣化することで、一日のタスクや予定を明確に把握できるようになります。これにより、どのタスクにどれだけの時間を割くべきかを具体的に計画でき、無駄な時間を減らすことができます。効率的な時間管理は、生産性の向上に直結し、仕事や学業での成果を高めることができます。

次に、ToDoリストは目標達成の助けとなります。具体的な目標を設定し、それを達成するために必要なタスクをリストアップすることで、目標に向かって一歩一歩進むことができます。目標が明確であればあるほど、達成感を得やすくなり、モチベーションの維持にも繋がります。

25　1カ月のスケジュールを管理する

▷ ここでできるようになること

月単位スケジュールを管理できる

カレンダーの表示を変えられる

Googleカレンダーと連携できる

❶ イベントカレンダー

カレンダーとは、**日付や曜日、月、年を表示し、時間の管理やスケジュールの調整に役立つシステムやツールのこと**です。日常生活やビジネスの場面で非常に重要な役割を果たしています。

まず、会議、アポイントメント、イベント、締め切りなどの予定をカレンダーに書き込むことで、どの時間に何をするかがひと目で分かるようになります。これにより、重複した予定を避けたり、重要なイベントを見逃したりするリスクを減らすことができます。

さらに、カレンダーは長期的な計画にも役立ちます。将来の目標やプロジェクトの進捗を追跡するために、カレンダーを使用して段階的なタスクを設定し、期限を守るためのスケジュールを組むことができます。

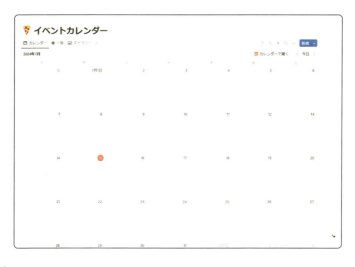

Notionのカレンダーは祝日は表示されません。

テンプレートの「イベントカレンダー」では、カレンダー機能だけではなく、イベントを一覧で表示したり、ギャラリーとして管理したりすることができます。基本的にはタスク管理と同じように設定ができます。

なお、カレンダーとしての機能だけでよい場合は、こちらの機能は使わなくても問題ありません。カレンダーにイベントのみ記入する形でもよいです。便利な機能も付いているということを覚えておきましょう。

COLUMN　Notionカレンダーアプリ

Notionのカレンダーには、Webブラウザーで利用できる他にアプリ版もあります。アプリ版にはWindows、Mac、Android、iOSとパソコンでもスマートフォンからでもインストールが可能です。同じアカウントでサインインすることで、Webブラウザーで作成したスケジュールをアプリ版でも確認したり、追加したりすることができ、自動的に同期されます。また、アプリ版からでもGoogleカレンダーと同期することも可能です。

❷ カレンダーの表示を変える

カレンダーの⋯をクリックして、「レイアウト」をクリックすると、カレンダーのレイアウトを変更することができます。月単位で基本は表示されていますが、週単位に変更したり、「週末」の表示をオフにして平日のみに変更したりできます。

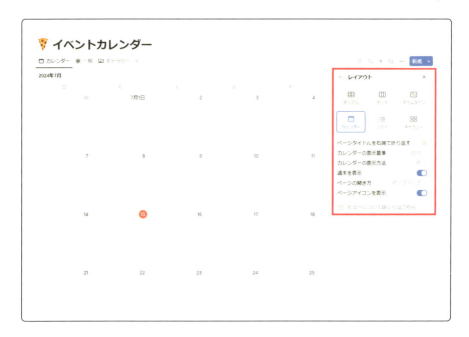

COLUMN　カレンダーで平日のみ表示させることのメリット

カレンダーで平日のみを表示させることには、いくつかのメリットがあります。特にビジネス環境や仕事の計画において、この方法は非常に有用です。まず、平日のみを表示することで、仕事や業務に集中しやすくなります。週末や休日の予定が表示されないため、仕事に関連するタスクや会議、締め切りに専念することができます。これにより、重要な業務の優先順位を付けやすくなり、効率的な時間管理が可能になります。

週末の予定が排除されることで、1週間のビジネススケジュールがコンパクトに表示され、視覚的な煩雑さが軽減されます。これにより、各日の予定やタスクがひと目で把握しやすくなり、スケジュールの調整がスムーズに行えます。

また、プライベートな予定と仕事の予定を明確に分けることができます。仕事のカレンダーには平日のみの予定を表示し、プライベートなカレンダーには週末や休日の予定を記録することで、仕事とプライベートのバランスを取りやすくなります。

❸ Googleカレンダーと連携する

カレンダーを表示して「カレンダーで開く」をクリックします❶。

「Google権限管理を続ける」をクリックします❷。次の画面でGoogleアカウントでログインして、画面の指示に従って操作を続けると、Googleカレンダーと連携され、Googleカレンダーに記入されたイベントがNotionのカレンダーと同期されます。

26 着手／未着手の管理

▷ここでできるようになること
- 日にちごとのToDoリストが作れる
- 月単位で管理できる
- 1画面で1カ月、複数の月で表示できる

❶ 習慣トラッカー

習慣トラッカーとは、特定の習慣や行動を継続的に記録し、追跡するためのツールや方法のことです。これにより、自己改善や目標達成のための進捗状況を把握し、モチベーションを維持することができます。習慣トラッカーは、紙の手帳やカレンダー、スマートフォンアプリなど、さまざまな形で利用されています。

例えば、毎日の運動習慣を記録するために、ジョギングやヨガを行った日付や時間を習慣トラッカーに書き込みます。これにより、どれだけの頻度で運動を続けているかが視覚的に確認でき、健康維持のためのモチベーションを高めることができます。

また、読書習慣を身に付けるために、1日に読んだページ数や読書時間を習慣トラッカーに記録することもあります。こうすることで、どのくらいのペースで読書を進めているかがわかり、読書の継続が促進されます。

さらに、早起きや勉強、食事の記録など、さまざまな習慣を追跡することも可能です。毎朝決まった時間に起きたかどうか、1日にどれだけの時間を勉強に充てたか、健康的な食事をしたかどうかを記録し、その習慣の定着を目指します。

習慣トラッカーは、達成したい目標を具体的な行動に分解し、それを継続的に行うことで目標達成をサポートします。記録を続けることで、自分の進捗を客観的に評価でき、達成感を得ることができるため、モチベーションを維持しやすくなります。このように、習慣トラッカーは個人の成長や目標達成に向けて強力なツールとなるのです。

Notionの「習慣トラッカー」のテンプレートでは、横に3日並び、縦に表示されていくスタイルとなっています。各日にちごとにやることをToDoリストのように記入していくことができ、着手したかどうか、未着手のものはないかどうかをチェックして確認することができます。

最大の特徴としては、タブで切り替えることなく、縦に並ぶことです。

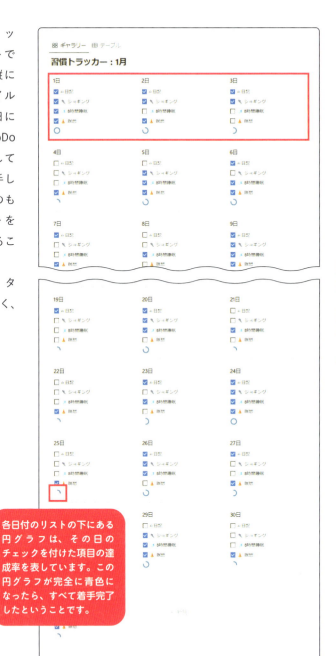

各日付のリストの下にある円グラフは、その日のチェックを付けた項目の達成率を表しています。この円グラフが完全に青色になったら、すべて着手完了したということです。

❷ 月を追加する

次の月の習慣トラッカーを追加したい場合は、「新しい月を追加」をクリックしましょう。クリックすると、今表示されているトラッカーの上に１カ月分のトラッカーが挿入されます。

| COLUMN | **習慣トラッカーを他の人と共有することの注意点** |

まず、プライバシーに注意することが重要です。習慣トラッカーには個人の行動や習慣が詳細に記録されるため、共有する内容が他人に見られることを許容できるかどうかを慎重に判断する必要があります。特に、健康やフィットネス、個人的な目標に関する情報は、他人に見られたくない場合があるので、共有する相手を選ぶ際には信頼できる人に限るべきです。

次に、共有の目的を明確にすることが重要です。習慣トラッカーを共有する理由や目標を共有相手と共有し、互いにどのようにサポートし合うかを話し合うことが必要です。例えば、モチベーションを高めるため、アカウンタビリティを持つため、フィードバックをもらうためなど、目的を明確にすることで、共有の意義がより明確になります。

コミュニケーション

第 6 章

6章ではコミュニケーションに使えるテンプレートを紹介します。普段の生活で使えるメモやノートの作成の他にも、打ち合わせやミーティングのようにビジネスでも使えるものなど、幅広いテンプレートの活用方法を解説していきます。

27 ノートを取る

▷ ここでできるようになること
- 資格試験などの概要をメモする
- 課題をメモする
- 手描きでノートを取る

❶ デジタルノートを作る

現代の教育環境では、パソコンやタブレットを使って授業のノートを取ることが一般的になっています。このデジタルノートの方法は、伝統的な手書きのノート取りとは異なり、さまざまな利点があります。

まず、**パソコンやタブレットでノートを取ることの最大のメリットは、その整理のしやすさ**です。デジタルノートは、カテゴリーごとにフォルダに分けたり、タグを付けて分類することができます。また、検索機能を活用すれば、必要な情報を瞬時に見つけ出すことができ、特定のトピックやキーワードに関連するメモをすぐに参照できます。これにより、勉強や復習の効率が飛躍的に向上します。

さらに、デジタルノートはクラウドサービスと連携させることで、どのデバイスからでもアクセス可能になります。授業中にパソコンでノートを取り、自宅でタブレットからそのノートを見直すことができます。また、データが自動的にバックアップされるため、デバイスの故障や紛失によるノートの消失を防ぐことができます。

パソコンやタブレットでのノート取りは、情報の追加や編集が容易である点も魅力です。授業中にメモを取る際にタイピングミスがあっても、後で簡単に修正できますし、

新たに学んだ情報を追加することも簡単です。また、リンクや画像、動画などのマルチメディアをノートに組み込むことができるため、より豊富な内容を持つノートを作成できます。

デジタルノートはコラボレーションにも適しています。グループプロジェクトや共同作業の際に、共有ドキュメントを使ってリアルタイムで他のメンバーと情報を共有し、共同で編集することができます。これにより、チーム全体での情報共有がスムーズになり、効率的にプロジェクトを進めることができます。

一方で、デジタルノートにはいくつかの注意点もあります。まず、授業中にパソコンやタブレットを使用することで、他のアプリケーションや通知に気を取られやすくなる可能性があります。集中力を維持するために、不要な通知をオフにするなどの対策が必要です。また、デジタルデバイスを長時間使用することによる目の疲れや身体への影響も考慮する必要があります。

総じて、パソコンやタブレットで授業のノートを取ることは、効率的で便利な方法です。整理のしやすさやアクセスの容易さ、情報の追加・編集のしやすさなど、多くの利点があります。適切な使用法を心がけることで、学習効果を最大限に引き出すことができるでしょう。

今回は「クイックメモ」のテンプレートを使って、資格試験の対策ノートを作ってみます。ブロックが足りないので、必要な部分を足しましょう。

❷ 概要を記入する

まずは何の試験なのか、目的は何なのか、概要を頭に記入しておくと、資格試験についての概要がわかりやすくなり、対策の内容も頭に入ってきやすくなります。

Webデザイン　資格試験対策

試験対策概要

- HTMLとCSSの基礎を理解し、基本的なウェブページを作成できるようになる。
- レスポンシブデザインの原則を理解し、モバイルフレンドリーなWebサイトを設計できるようになる。
- UI/UXデザインの基本概念を理解し、ユーザーフレンドリーなインターフェイスを設計できるようになる。
- デザインツール（Adobe XDやFigmaなど）を使用してプロトタイプを作成し、実際のWebサイトに適用する方法を学ぶ。
- Webデザインの最新トレンドやベストプラクティスを把握し、それらをプロジェクトに取り入れる。

❸ 次回の課題をメモする

次回の試験対策までの課題もメモしておきましょう。ToDoリストを利用して、チェックを付けられるようにしておくと、終わった課題とこれから行う課題がわかりやすくなります。

> **次回までの課題**
> ☐ コードの内容を理解する
> ☐ 過去の試験問題を確認する
> ☐ トップページのデザインを変更する

❹ 手描きのノートを取る

ここでは、自己研鑽のノートは手描きで取ることを前提とします。Notionには手描き機能がないので、ここでは外部アプリと連携をしましょう。「FigJam」というWeb上で手描きが行えるWebアプリと連携を行いましょう。「FigJam」上でノートを取り、後からNotionに埋め込みをするというのもOKです。特に図版などは手描きで行うことが多いことでしょう。

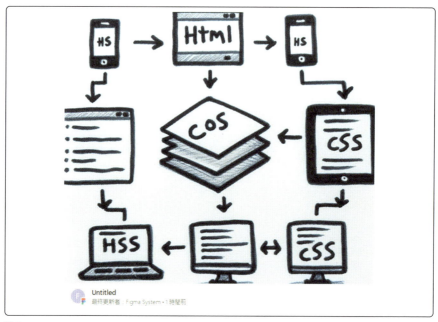

FigJam
https://www.figma.com/ja-jp/figjam/

COLUMN　紙はもう古い？　デジタルでノートを取る時代に

近年、パソコンやタブレットなどのデジタルデバイスを使ってノートを取ることが急速に普及しています。一昔前までは、授業や会議でのノート取りといえば紙とペンが主流でしたが、デジタル技術の進化に伴い、その風景が大きく変わりつつあります。では、なぜデジタルでノートを取ることがこれほどまでに広がっているのでしょうか。

まず、デジタルノートの最大の利点は、その整理のしやすさです。デジタルデバイスでは、ノートを簡単に分類・検索できるため、必要な情報をすぐに見つけることができます。タグ付けやフォルダ分け、さらには全文検索機能を活用することで、特定のキーワードやトピックに関連するノートを瞬時に参照できるのです。これにより、効率的に情報を整理し、必要なときに素早くアクセスできるため、学習や仕事の生産性が飛躍的に向上します。

また、デジタルノートはマルチメディアを活用できる点でも優れています。写真や動画、音声メモを簡単に挿入できるため、視覚的・聴覚的な情報を効果的に取り入れることができます。これにより、ノートの内容がより豊かになり、理解や記憶の定着が促進されます。特に、理系科目やデザイン関連の授業では、図やグラフ、プロトタイプなどを取り入れたノートが役立つでしょう。

さらに、クラウドサービスとの連携によって、デジタルノートはどこからでもアクセス可能です。授業中にパソコンでノートを取り、自宅や移動中にはスマートフォンやタブレットからそのノートを見直すことができます。デバイス間でのシームレスな同期により、いつでも最新のノートにアクセスでき、情報の一元管理が可能になります。また、データのバックアップが自動的に行われるため、デバイスの紛失や故障によるデータの消失リスクが軽減されます。

一方で、デジタルノートには注意点もあります。デジタルデバイスを使用することで、他のアプリケーションや通知に気を取られやすくなる可能性があります。集中力を維持するためには、授業や会議中は不要な通知をオフにするなどの工夫が必要です。また、長時間の使用による目の疲れや身体への影響も考慮する必要があります。これらのデメリットを克服するためには、適切な使い方や休憩の取り方を心がけることが重要です。

紙とペンによるノート取りには、手書きによる記憶の定着や書く行為そのものの魅力もありますが、デジタルノートの持つ利便性や機能性はそれを凌駕する部分が多いです。特に現代の情報社会において、効率的に情報を管理・活用するためには、デジタルデバイスを使ったノート取りが非常に有効です。

紙のノートが完全に廃れるわけではありませんが、デジタルでノートを取る時代が到来しているのは間違いありません。適切にデジタルツールを活用し、効率的な学習や仕事の進め方を身に付けることで、さらなる成長と成果を期待できるでしょう。

28 打ち合わせ管理

▷ここでできるようになること
- ミーティング管理をする
- カレンダーで記録する
- Zoomと連携する

1 ミーティング

Notionは、ネット上でミーティングのスケジュールを管理するために非常に強力なツールです。Notionを使えば、**単なるカレンダー以上の機能を活用し、ミーティングのスケジュールだけでなく、関連する情報やタスクも一元管理できます。**

Notionでミーティングを管理する方法は、まず、カレンダーのテンプレートを利用することから始まります。Notionのカレンダービューを使うと、日付ごとにミーティングを登録でき、視覚的にスケジュールを把握することができます。各ミーティングのエントリーには、日時や参加者、場所（物理的な場所やオンライン会議のリンク）などの基本情報を追加することが可能です。

Notionはまた、他のツールやアプリケーションと連携することができるため、例えばGoogleカレンダーと同期させることで、他の予定と一貫性を保つことができます。これにより、二重入力の手間が省け、全体のスケジュール管理が簡単になります。

ミーティング

ミーティングプリセット

≡ ミーティング　≡ 自分のミーティング　他件

- 📝 はじめてのミーティング
- 📱【モバイル】エンジニアリング・デザインチーム情報共有会
- 🎤 スプリント30 プランニング
- ⚡ エンジニアリングチーム週次定例
- 👤 デザイン定例　2022年8月11日
- 💬 顧客ニーズについて（営業部とのミーティング）
- ＋ 新規

Notionのテンプレートの「ミーティング」では、ミーティング名の横に参加者のアイコンが表示されます。

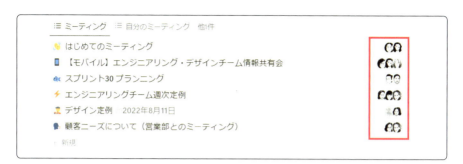

❷ カレンダーで記録する

カレンダーも用意されているので、カレンダーにミーティングスケジュールを記入してもよいです。また、「カレンダーで開く」をクリックして、Googleカレンダーと同期することで、Googleで管理しているスケジュールをNotionでも確認することができます。

> アプリ版のNotionカレンダーとも連携することができます。

❸ Zoomと連携する

NotionとZoomを連携してみましょう。連携方法はP.49～54を参照してください。ミーティングのページにZoomと連携したブロックを追加しておくことで、ミーティングのスケジュールだけではなく、そのままミーティングに参加するといった、導線が作れます。Notionを共有している場合は、メンバーはそのままZoomのミーティングルームに参加してビデオ通話が行えます。

COLUMN　ビジネス以外でZoomを使う

Zoomはビジネスのミーティングやリモートワークのツールとして広く認知されていますが、その用途はビジネスだけに留まりません。実は、Zoomは個人や家庭での利用にも多くの可能性を秘めています。ここでは、ビジネス以外でZoomをどのように活用できるかについて考えてみましょう。

まず、家族や友人とのコミュニケーションツールとしてのZoomの利用があります。物理的に離れて暮らしている家族や友人と簡単に顔を見ながら話せるのは大きな魅力です。特に、長期間会えない場合や、海外に住む親戚との連絡手段として重宝します。バーチャルな家族集会や誕生日パーティーなども開催でき、物理的な距離を感じさせません。

次に、教育の場でのZoomの活用です。パンデミックの影響でオンライン授業が普及しましたが、Zoomはその中心的な役割を果たしています。学校だけでなく、塾や家庭教師のレッスン、さらには趣味の教室でも利用されています。料理教室、ヨガクラス、楽器のレッスンなど、対面で行っていた活動をオンラインで続けることができ、学びの場が広がりました。

さらに、趣味や興味を共有するコミュニティ活動にもZoomは活用されています。読書会や映画鑑賞会、ゲームナイトなど、共通の趣味を持つ人々が集まり、オンラインで楽しむことができます。これにより、新しい友達を作る機会も増え、コミュニティの結束が強まります。また、これまで参加できなかった遠方のイベントにも気軽に参加できるようになり、活動の幅が広がりました。

健康とフィットネスの分野でもZoomは活躍しています。ジムに通うことが難しい場合でも、オンラインのフィットネスクラスに参加することで、自宅でトレーニングが可能です。インストラクターとのマンツーマンセッションやグループクラスを受けることができ、健康維持やストレス解消に役立ちます。

最後に、Zoomはメンタルヘルスのサポートにも利用されています。カウンセリングやセラピーセッションをオンラインで行うことができるため、必要なサポートを受けやすくなっています。また、サポートグループやリラクゼーションのための瞑想セッションなどもオンラインで提供されており、心の健康を保つためのツールとしても有用です。

このように、Zoomはビジネス以外のさまざまな場面で利用され、人々の生活を豊かにしています。オンラインコミュニケーションツールとしての可能性は無限であり、これからもその用途はさらに広がっていくことでしょう。

Notionでミーティングのページと Zoomを連携する場合、上記のようなさまざまな用途として使うことができます。ビジネスのミーティング以外にも活用できるので、ぜひ自分が使いたいようにNotionを使っていきましょう。

▷ ここでできるようになること
- 1対1でのミーティング管理をする
- 内容を記録できる
- 日付で管理する

❶ 1-on-1ミーティング記録

1対1のミーティングを記録することにはいくつかの重要な利点がありますが、それに伴う注意点もあります。

まず、ミーティングを記録することの大きなメリットの1つは、情報を正確に把握できることです。特に重要な決定事項やアクションアイテムを記録しておくことで、後で見返して確認することができ、誤解や記憶違いを防ぐことができます。また、**記録を取ることで次回のミーティングで前回の内容を確認する際や、進捗状況を把握する際に役立ちます**。これにより、ミーティングのフォローアップが強化され、より効果的なコミュニケーションが可能になります。

さらに、ミーティングの記録を参照することで時間を節約することができます。必要な情報を迅速に取得できるため、再度の会話や調査の手間が省けます。例えば、詳細なメモを取らなくても後から録音や録画を見返すことで、重要なポイントを確認することができます。

また、記録を振り返ることで、自分や相手のコミュニケーションのスタイルや内容を分析し、改善点を見つけることができます。これにより、今後のミーティングがより効果的になる可能性があります。特に、長期間に渡るプロジェクトや複数回に渡る打ち合わせでは、過去の記録が大いに役立ちます。

❷ 内容を記録する

Notionのテンプレートの「1-on-1ミーティング記録」では、日付をクリックすることで、ミーティングの記録を記入することができます。記入方法は初期状態では箇条書きとなっていますが、自分でブロックを追加してメモ欄を増やすこともできます。

- ▼ 2024年8月14日
  - **ヨシダ**
    - 優先事項／プロジェクト
    - 協議事項
    - タケウチさんへのフィードバック
  - **タケウチ**
    - 優先事項／プロジェクト
    - 協議事項
    - ヨシダさんへのフィードバック
- ▶ 2024年8月7日

❸ ミーティングを追加する

ミーティングを追加すると、前回の内容が一旦コピーされます。コピーされた内容を編集しましょう。いちいちブロックを追加する作業がないので、便利です。

- ▼ 今日
  - **ヨシダ**
    - 優先事項／プロジェクト
    - 協議事項
    - タケウチさんへのフィードバック
  - **タケウチ**
    - 優先事項／プロジェクト
    - 協議事項
    - ヨシダさんへのフィードバック
- ▼ 2024年8月14日
  - **ヨシダ**
    - 優先事項／プロジェクト
    - 協議事項
    - タケウチさんへのフィードバック
  - **タケウチ**
    - 優先事項／プロジェクト
    - 協議事項
    - ヨシダさんへのフィードバック

▷ ここでできるようになること
- ミーティングの振り返りができる
- 内容を記録する
- 改善点を記録する

❶ 振り返り

打ち合わせを振り返ることの重要性は、**業務の効率化や成果の向上に直結するため、多くのメリット**があります。ここでは、その重要性について詳しく説明します。

まず、打ち合わせを振り返ることで、情報の整理と再確認が可能になります。ミーティング中に多くの情報が飛び交うことがあり、その場では全てを把握しきれないこともあります。しかし、録音やメモをもとに振り返ることで、重要なポイントや決定事項を再確認し、漏れや誤解を防ぐことができます。これにより、プロジェクトの方向性が明確になり、チーム全体の認識を統一することができます。

また、打ち合わせを振り返ることで、フォローアップの質を高めることができます。具体的なアクションアイテムや担当者、期限などを明確にすることで、次のステップが明瞭になり、業務がスムーズに進行します。振り返りを通じて、各メンバーの進捗状況を把握し、必要な支援や調整を行うことで、プロジェクト全体のパフォーマンスを向上させることができます。

振り返り

👬 **うまくいったこと**
⊕ 項目追加
- @Sohrab Amin
- リスト
- リスト
- リスト

🌱 **改善が必要なこと**
⊕ 項目追加
- @Sohrab Amin
- リスト
- リスト
- リスト

💡 **もし違うやり方をするなら**
⊕ 項目追加
- @Sohrab Amin
- リスト
- リスト
- リスト

さらに、打ち合わせを振り返ることは、学習と改善の機会を提供します。振り返りを通じて、自分自身やチームのコミュニケーションの方法や内容を分析し、改善点を見つけることができます。例えば、議論が不明瞭だった部分や、時間の管理がうまくいかな

かった点を振り返ることで、次回以降のミーティングの質を向上させることができます。継続的な改善を図ることで、より効率的で効果的なコミュニケーションが実現します。

打ち合わせを振り返ることは、チームの結束力を高める効果もあります。振り返りの過程で、各メンバーが意見を出し合い、共通の理解を深めることで、チームの一体感が生まれます。また、メンバーが自分の意見やアイデアを自由に表現できる環境が整うことで、クリエイティブな発想やイノベーションが生まれやすくなります。

❷ 内容を記録する

Notionのテンプレートの「振り返り」は、ミーティングに限らず物事を振り返る際に使える内容が含まれています。「うまくいったこと」など初期に項目が埋まっているものもあります。

> 👫 **うまくいったこと**
> - 新商品のキャッチコピーが好評
> - 発売時期について同意を得ることができた

❸ 改善点を記録する

「改善点」を記録することも大切です。ミーティング内容を振り返る場合、何が悪かったのかをしっかりと把握し、改善することを確認しておきましょう。また、違う方向からのアプローチを考えることも大切です。商品であれば、違う場所での販売や、季節限定などの購買を喚起するポイントについて検討することも大切になります。

> 🌱 **改善が必要なこと**
> - キャッチコピーは良いが、売り方をもう少し工夫したい
> - 営業部との連携がまだ足りない
> - 実演販売のスケジュールを押さえるのがこれから
>
> 💡 **もし違うやり方をするなら**
> - ECサイト限定の販売
> - 季節限定商品のラインナップを増やす

▷ ここでできるようになること

- 会議の議事録を作ることができる
- 予定や成果を記録できる
- 対応事項を共有できる

❶ 議事メモ

打ち合わせの議事録とは、会議や打ち合わせの内容を詳細に記録し、後で参照できるようにまとめた文書です。議事録は会議の重要なポイントや決定事項、アクションアイテム、出席者のコメントなどを含むため、参加者全員が共通の認識を持ち、会議後のフォローアップや進捗管理をスムーズに行うために非常に役立ちます。

まず、議事録には会議の基本情報が記載されます。これには、会議の日時、場所、出席者、欠席者、議題などが含まれます。これにより、いつ、どこで、誰が参加した会議であったかが明確になります。基本情報が正確に記録されていることで、後で振り返る際に会議の背景やコンテキストが容易に理解できます。

次に、議事録には各議題ごとの討議内容が詳細に記録されます。会議での具体的な発言内容や意見の対立点、合意点などがまとめられます。これにより、会議中にどのような議論が行われたか、どのような考え方や意見が提示されたかが明確になり、会議後に再度確認することができます。討議内容を詳細に記録することは、会議の透明性を保ち、全ての参加者が理解しやすくするために重要です。

さらに、議事録には会議中に決定された事項が明確に記載されます。これには具体的なアクションアイテムやその担当者、期限が含まれます。例えば、あるプロジェクトの進行に関して、誰がどの作業をいつまでに行うべきかが議事録に明確に記されています。これにより、会議後に各参加者が自分の役割と責任を理解し、必要なアクションを取ることができます。

また、議事録には次回の会議の予定も含まれることが一般的です。次回の会議の日時や議題が決まっている場合は、その情報が記載されます。これにより、参加者が次のステップを把握しやすくなり、次回の会議に向けた準備がスムーズに進められます。

その他、会議中に出た重要なコメントやメモも議事録に記録されます。これにより、会議での重要な洞察やアイデアが失われず、後で活用することができます。

❷ 日付や出席者を記入する

Notionのテンプレートの「議事メモ」は、ミーティングを作成すると、クリックすることで詳細を記入することができます。まずは打ち合わせを行った日付と参加者を記入しましょう。

❸ 改善点を記録する

議事録（メモ）なので、内容をしっかり書いておきます。これまでの成果や今後の予定、これからの対応事項など、ビジネス的な内容で記入しても問題ありません。日常的な使い方であるならば、家族会議や町内会のミーティングの議事録として使うこともできるでしょう。

▷ ここでできるようになること
- ブレインストーミングができる
- アイデア出しができる
- ホワイトボードの共有ができる

❶ リモートブレインストーミング

ブレインストーミングは、集団で行う創造的な活動の手法です。この方法では、参加者は自由にアイデアを出し合い、その中から最良の解決策や新しいアイデアを見つけることを目指します。 批判や評価をせず、どんなアイデアでも歓迎されるため、参加者は自由に発言しやすい環境が整います。また、出たアイデアを組み合わせたり改良したりすることで、より優れた解決策を導き出すことができます。このプロセスは、リラックスした雰囲気の中で行われることが一般的であり、創造性を刺激し、新しい視点やアプローチを生み出すことが期待されます。

ブレインストーミング

新しいトピック

[協議事項]
- アイデア1 @Zoe Ludwig
- アイデア2 @Alp
- アイデア3 @Shirley Miao
- アイデア4 @Z (Andrea) Zarkauskas

ホワイトボード

miro　Miroを埋め込む

 Figmaを埋め込む

Whimsicalを埋め込む

❷ アイデア出しをする

Notionのテンプレートの「リモートブレインストーミング」は、主にアイデア出しをすることを目的としています。今回は新商品のキャッチコピーの例を紹介します。議題で出たアイデアを箇条書きにして記録しましょう。いくつものアイデアの中から組み合わせを変えて、最適な内容にブラッシュアップしていきます。

[新商品の石鹸のキャッチコピーのアイデア]
- 自然の恵み、肌に寄り添う
- 純粋な力で、優しく洗う
- 自然の香りが心地よい、あなたの毎日に
- 大切な肌を、自然の愛で包む
- 自然が紡ぐ、穏やかな洗い心地

❸ ホワイトボードを活用する

場合によっては、ホワイトボードを使うこともよいでしょう。テンプレートでは、「Miro」や「Figma」、「Whimsical」が例として埋め込みが用意されています。この中から、ホワイトボードを選択して埋め込みを行ってアイデア出しをしてもよいでしょう。

ホワイトボード
- miro Miroを埋め込む
- Figmaを埋め込む
- Whimsicalを埋め込む

Miro
https://miro.com/ja/online-whiteboard/

Figma
https://www.figma.com/ja-jp/

Whimsical
https://whimsical.com/

29 チーム内で大事なことを共有・管理

▷ここでできるようになること

- チーム内で情報を共有できる
- 情報を整理できる
- Wikiページ形式で作成できる

❶ チームWiki

チームWikiは、組織やチームが情報を共有し、協力して知識を管理するためのオンラインプラットフォームです。このツールを使うことで、チームのメンバーは簡単にページを作成、編集、および更新できます。これにより、共同作業が促進され、プロジェクトやタスクに関する情報をリアルタイムで共有できます。また、チームWikiは、プロジェクトの進捗状況や重要な決定事項、リソース、手順書などのドキュメントを一元管理するのに適しています。さらに、検索機能やタグ付け機能を活用することで、必要な情報を迅速に見つけることができます。チームWikiを導入することで、知識の一貫性が保たれ、コミュニケーションの効率化が図られ、チーム全体の生産性向上に寄与します。

Notionのテンプレートの「チームWiki」では、Wikiページのように、左にメニュー、右にギャラリーと配置されています。メニューは、カテゴリごとに分けることができます。

ギャラリーをクリックすると詳細が表示されます。詳細にはWikiページのように、常に情報を新しくするように心がけるようにしましょう。そうすることで、チーム内で大事なことを新鮮な情報として共有することができます。このテンプレートはチームで共有することを前提として使用しましょう。

❷ 社内Wikiを作成する

Notionのテンプレートをそのまま使って、社内で使えるWikiページを作成してみましょう。テンプレートの素材はほぼそのままに、自社の内容に置き換えるだけでWikiになります。今回は会社情報や規則などを盛り込んだWikiを例として紹介します。

メニュー一覧もテンプレートをそのまま再利用しています。会社概要やアクセス、福利厚生などを盛り込んでみましょう。

もちろん内容もしっかり記入します。今回は例として「福利厚生」のページを見てみましょう。番号を振り分けて見出しと本文を分けると、Wikiらしいページ構成になります。また、タグを付けることができるので、それぞれのページをさらにタグ分けも可能です。

COLUMN　社内Wikiって必要なの？

社内のWikiを作成することには多くのメリットがあります。まず、情報の一元化が可能となります。これにより、プロジェクトに関する資料や手順書、社内ルールなどが一箇所に集約され、必要な情報をすぐに見つけることができます。特に新入社員にとっては、業務に必要な情報を素早く習得できるため、スムーズなオンボーディングが実現します。
また、Wikiはリアルタイムで更新できるため、最新の情報が常に反映されます。これにより、情報の古さや不正確さが原因で生じる誤解やミスを減少させることができます。チームメンバーは誰でも編集やコメントを追加できるため、知識の共有とコラボレーションが促進されます。これにより、個々の知識が集約され、組織全体の知識資産が豊かになります。
さらに、Wikiの利用は業務効率の向上にも寄与します。例えば、過去のプロジェクトの経緯や決定事項をWikiに記録しておくことで、同じような問題が発生した際に迅速に対応することができます。FAQやトラブルシューティングガイドを作成することで、繰り返し質問される内容への対応時間を削減することも可能です。

加えて、Wikiは組織文化の醸成にも役立ちます。社内の知識やノウハウをオープンに共有することで、透明性が高まり、協力的な風土が育まれます。従業員は自分の知識や経験を共有することで貢献感を得られ、モチベーションの向上にも繋がります。
最後に、Wikiの導入は長期的なコスト削減にも貢献します。紙ベースの資料管理や頻繁な会議を減らすことができ、情報管理の効率化によって時間とリソースを節約できます。これにより、より戦略的な業務にリソースを集中させることができます。
このように、社内のWikiは情報の一元化、リアルタイムな更新、業務効率の向上、組織文化の醸成、そしてコスト削減と、多岐に渡るメリットをもたらします。

30 プレゼンをする

▷ ここでできるようになること
- プレゼンの資料が作れる
- プレゼンの内容をメモできる
- 録画のリンクを貼ることができる

❶ プレゼンテーション

Notionのプレゼンテーション機能は、情報を効果的に伝えるための強力なツールです。この機能は、プレゼンテーション資料を作成し、整理し、共有するのに適しています。まず、**Notionは統合された環境を提供します。プレゼンテーション資料、プロジェクト管理、データベースなど、すべてを1つのプラットフォームで管理できるため、他の関連ドキュメントや情報とシームレスに連携**できます。この一元化により、ユーザーは複数のツールを切り替える必要がなくなり、作業効率が向上します。

次に、Notionの柔軟なレイアウト機能を利用することで、ユーザーはテキスト、画像、動画、表、埋め込みリンクなど、さまざまなコンテンツを自由に配置できます。ブロックベースの編集機能により、直感的にコンテンツを移動・配置でき、視覚的に魅力的なプレゼンテーションを簡単に作成できます。

❷ プレゼンテーション内容を作成する

Notionのテンプレートの「プレゼンテーション」では、「PowerPoint」のようなスライド機能はないものの、画面を共有しながら解説するには十分な機能を持っています。一番上には目次の項目があります。

下方向へスクロールすると、各項目が表示されます。それぞれクリックすると、詳細が表示される仕組みです。解説内容を記載してもよいですし、スライドのように画像を埋め込みして、プレゼンをするのも大丈夫です。両方の機能がNotionには備わっています。ブロックが不足している場合は、それぞれ必要に応じて追加しましょう。

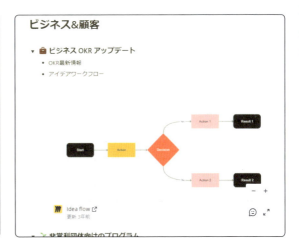

③ 録画機能を埋め込む

Notionのテンプレートの一番下には、録画のリンクを追加できるようになっています。ここでは例として、Zoomのリンクを貼っています。Zoomには録画機能が付いているので、活用しましょう。なおZoomの録画はホスト側（Zoomのミーティングの開催者）のみできるので、基本的には自分がホストになり、録画するとよいでしょう。

録画動画リンク

欠席者が後で視聴できるよう、録画のリンクを追加しましょう！

👉 2024年度 全社員集会 録画 → https://zoom.us/u/123456789

COLUMN プレゼンを録画するメリットとは？

プレゼンを録画することで得られるメリットは、欠席者が後で視聴できること以外にも数多くあります。まず、録画を見返すことで自己評価と改善が可能になります。自分の話し方やジェスチャー、視線の動きなどを客観的に確認し、どこを改善すべきかを具体的に把握できます。これにより、次回のプレゼンテーションがより効果的で洗練されたものになるでしょう。

また、録画したプレゼンをチームメンバーや上司と共有することで、フィードバックを受け取る機会も増えます。他者からの意見を取り入れることで、質の高いプレゼンテーションが可能になります。

さらに、録画を資料として残すことで、将来的に同様の内容をプレゼンする際に参考にすることができます。一度作成したプレゼンをもとに、内容を更新したり改善したりすることで、準備時間を短縮し、より効率的にプレゼンを行うことができます。

加えて、録画したプレゼンをトレーニング素材として活用することもできます。新人の教育やスキルアップのための教材として使用することで、社内のプレゼンスキル全体の向上に寄与します。

このように、プレゼンを録画することには、自己評価と改善、フィードバックの共有、資料としての活用、トレーニング素材としての利用など、多くのメリットがあります。

31 連絡先管理をする

▷ ここでできるようになること
- プレゼンの資料が作れる
- プレゼンの内容をメモできる
- 録画のリンクを貼ることができる

❶ 連絡先管理

Notionで連絡先管理をすることは、非常に効率的で柔軟性のある方法です。Notionは、データベース機能を持つため、連絡先情報を一元管理するのに適しています。Notionのデータベースは、リレーショナルデータベースのように複数のデータベースを関連付けることもできるため、例えば、企業別に連絡先を管理することも可能です。さらに、タグ機能を使えば、連絡先にラベルを付けて分類することができ、検索やフィルタリングが簡単に行えます。

Notionのもう1つの大きな利点は、マルチデバイス対応であることです。パソコン、スマートフォン、タブレットからアクセスできるため、どこにいても連絡先を確認・編集することができます。また、共有機能を使えば、チームメンバーと連絡先情報を共有し、共同で管理することも可能です。

Notionのテンプレートの「連絡先管理」では、相手との関係性や会った時の話題などを記録することができます。関係性はタグで管理できるので、「大学時代」や「友人」、「親族」で分類分けすることも可能です。話題も記録しておくと、相手が何に興味があった人なのかを覚えておけるので、次に相手に会ったときの話題に困りません。

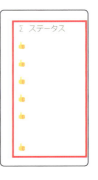

ステータスでは、今でもまだ会うことがあったり、頻繁に遊んだりする場合にマークを付けておくとよいでしょう。

また、直近で会った日も記録できます。「最近会ってないな」という人がいる場合は、連絡を取ってみるのもよいでしょう。今回はテンプレートを例としていますが、**相手の電話番号や住所は掲載しないようにしましょう。共有しているページの場合、個人情報が流出してしまう可能性**があります。

お金

第7章

7章ではお金の管理をNotionで行う方法を紹介します。家計簿や税金の支払いなど、管理するものはたくさんあります。ここではオートメーション機能を使って、収入と支出の出し方も解説しています。

32 お金を管理する

▷ ここでできるようになること

- Notionでお金を管理できる
- パーソナルファイナンスについてわかる
- オートメーションについて知ることができる

❶ パーソナルファイナンス管理 [オートメーション]

パーソナルファイナンス管理とは、個人の財務状況を効果的に管理し、経済的な目標を達成するためのプロセスです。このプロセスには、収入、支出、貯蓄、投資、債務の管理が含まれます。

まず、収入の管理から始まります。収入とは、給与やボーナス、投資収益など、個人が得る全ての資金を指します。これを正確に把握することで、財務計画の基礎が築かれます。次に、支出の管理です。支出には、日常の生活費、娯楽費、教育費、医療費などが含まれます。これらを把握し、支出をカテゴリーごとに整理することで、予算を設定し、その範囲内で生活することが求められます。

貯蓄と投資も重要な要素です。まずは緊急時のための貯蓄、いわゆるエマージェンシーファンドを確保することが推奨されます。その後、将来の目標、例えば家の購入や子供の教育費、退職後の生活費などのために長期的な貯蓄や投資を行います。投資はリスクを伴いますが、適切に行えば資産を増やす手段となります。

最後に、債務の管理も重要です。ローンやクレジットカードの借金を適切に管理し、計画的に返済することが必要です。過剰な債務は財務状況を圧迫し、経済的な安定を損なう可能性があるため、慎重な管理が求められます。

ネット上でお金の収入と支出を管理することには、便利さや効率性の向上といった多くのメリットがあります。まず、オンラインツールやアプリを使うことで、24時間いつでもどこでも自分の財務状況を確認できるようになります。スマートフォンやパソコンから簡単にアクセスできるため、時間を節約できます。

また、多くのファイナンス管理アプリやソフトウェアには、自動で取引を分類し、予算を設定し、貯蓄目標を追跡する機能が備わっています。この自動化機能により、手動での入力や計算の手間が省け、日々の家計管理がより簡単になります。特に、定期的な支出や収入を自動的に記録することで、見落としが減り、正確な家計簿を保つことができます。

しかし、ネット上でお金を管理することには、いくつかのデメリットも存在します。最大のリスクはセキュリティの問題です。個人情報や金融データがオンラインで扱われるため、不正アクセスやデータ漏洩のリスクがあります。

Notionでは、金額を記入し、収入や支出を家計簿のように付けて管理するので、不正利用とは程遠いですが、個人情報であることは間違いないので、**セキュリティなど管理には十分注意して行いましょう。**

なお、従来のように手帳などに記入するタイプではなく、パソコンやスマホで管理できるので、手帳を買うなどの必要がない点もメリットになるでしょう。

❷ オートメーションとは

今回使うテンプレートのパーソナルファイナンス管理［オートメーション］にはテンプレート名の通りオートメーションが含まれています。そもそもオートメーションとは何でしょうか。

オートメーション（自動化）とは、機械やコンピュータプログラムを使って特定の作業やプロセスを人間の介入なしに自動的に実行することを指します。この技術により、効率が向上し、エラーの発生が減少し、コストが削減されるなどの多くのメリットがあります。

例えば、工業オートメーションでは、生産ラインでロボットアームや自動化された機械が使用されます。これにより、製品の生産速度が向上し、品質が一貫して保たれます。また、ソフトウェアオートメーションの一例として、特定のタスクを自動的に実行するプログラムが挙げられます。これは、スケジュールされたバックアップ、ウイルススキャン、データ処理、メールの自動返信などの形で日常的に利用されています。

さらに、オフィスオートメーションも重要な分野です。経費報告書の自動生成や会計ソフトの使用により、事務作業が効率化されます。これにより、従業員はより価値の高い業務に集中できるようになります。

オートメーションは、多くの産業や日常生活のさまざまな場面で活用されており、技術の進化に伴ってその範囲と能力は拡大し続けています。結果として、時間や労力を節約しながら、より高品質な成果を得ることが可能になります。

Notionの場合、文字や数値を記入すると、別の項目も連動して自動的に書き換わり、計算を行ってくれるなどの機能が付いたテンプレートがあります。これがNotionのテンプレートとなります。

初期設定では「$」表示になっているので、「¥」表示に直しましょう。

パーソナルファイナンス管理［オートメーション］のテンプレートでは、下の詳細にのみ金額を入力できます。2月に収入金額を入力してみましょう。

そうすると、上の項目に自動的に反映されて、2月の「Income」に金額が記入されました。

> 「Income」が収入で、「Expenses」が支出です。

> Notionのオートメーションについてもう少し詳しく確認したい場合は、「https://www.notion.so/ja-jp/help/database-automations」にアクセスしましょう。

33 家計簿を管理する

▷ ここでできるようになること

Notion で家計簿を付ける

収入を記入できる

支出を管理できる

❶ 家計簿

家計簿とは、**個人や家庭の収入と支出を記録・管理するための帳簿のことです。家計簿を付けることで、毎月の収入や支出の内訳が明確になり、無駄遣いや過剰な支出を防ぐことができます。これにより、貯蓄目標の達成や将来の経済的な安定を図ることが可能**になります。

家計簿の基本的な構成要素には、収入、固定費、変動費、貯蓄があります。収入は給与やボーナス、投資収益などを含み、家計に入る全ての資金を指します。固定費は家賃や住宅ローン、保険料、公共料金など、毎月ほぼ一定の金額がかかる支出です。変動費は食費や交通費、娯楽費など、月によって金額が変動する支出を指します。貯蓄は、将来のために積み立てる資金で、緊急時のための貯金や大きな目標のための資金などが含まれます。

家計簿を付ける際のポイントは、全ての収入と支出を漏れなく記録すること、定期的に記録を見直して予算を立てること、そしてその予算に基づいて計画的に支出を管理することです。これにより、家計の状況を正確に把握し、無駄な支出を減らし、効率的な貯蓄を行うことができます。継続的に家計簿を付けることで、収支のバランスが取りやすくなり、長期的な財務計画を立てる上での重要な情報源となります。家計簿を習慣化することで、経済的な目標の達成が現実的になり、より安定した生活を送ることができるでしょう。

❷ 収入を記入する

それでは実際にNotionで家計簿を付けてみましょう。**P.148から引き続き「パーソナルファイナンス管理 [オートメーション]」のテンプレートを使います。**

収入には給料の他にも、副業や積立など、さまざまなものがあります。家計簿にはそれら全てを記入して、家のお金の流れを知る必要があります。

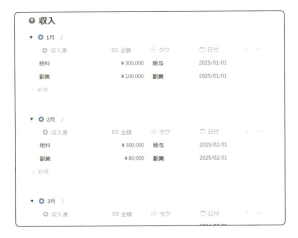

なお、収入の種類の「タグ」を付けることもできます。収入の種類が多い人は、右のようなタグを付けて管理してもよいでしょう。

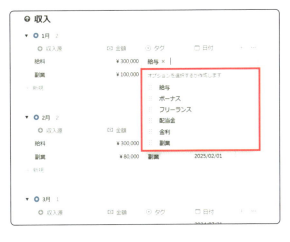

COLUMN 配当金とは？

配当金とは、企業が得た利益の一部を株主に分配する金銭です。通常は現金で支払われますが、株式での支払いもあります。配当金は、企業の業績や配当政策に基づいて支払われ、定期的に（四半期ごとや年に一度など）支給されます。株主は「権利確定日」までに株式を保有している必要があります。配当金は投資家にとって収益の一部となり、再投資することで資産を増やす手助けとなります。

❸ 支出を記入する

収入を記入したら、その月の支出も記入しましょう。

レシートを1枚1枚記入してもよいですが、記入するのが大変といった場合は、右のようにまとめて記入してもよいです。人によっては、この他にも車の維持費やガソリン代、月々のローン、子供の学費などもあります。

最終的には、収入と支出は並べて表示されるので、見比べることもできます。

> 実際には支出ではないのですが、将来的な積立貯金額も支出の欄に含んでもよいでしょう。

❹ 年間で見る

「通年」タブをクリックすると、年間での収入と支出を見ることができます。なお、「Q1」タブでは1月～3月と3カ月単位で表示されます。「通年」タブで見ることによって、しっかりと年間で黒字か赤字かの確認をしましょう。

COLUMN　一般家庭だとどれくらいが黒字の基準？

一般家庭の家計簿が黒字であるということは、収入が支出を上回っている状態を指します。具体的には、月々の収入から生活費やその他の支出を差し引いた後に、一定の余裕があることが望ましいとされます。多くの場合、収入の10％から20％程度の余剰があれば、家計としては健全と見なされることが多いです。黒字の額が多ければ、その分だけ将来に向けた貯蓄や投資がしやすく、生活の安定性も増します。家計簿を使って黒字を維持するためには、収入に見合った支出管理や計画的な貯蓄が重要です。家計が黒字であれば、無理のない範囲での貯蓄や将来の計画が可能になり、経済的な安心感を得ることができます。

34 税金を管理する

▷ここでできるようになること
- Notionで税金の金額を付ける
- 税金を管理できる
- 税金の種類を知る

❶ 家計簿と税金

家計簿に税金を記入することは、家庭の財政を健全に管理するために重要な要素です。**税金は、所得税や住民税、固定資産税など、家庭の支出に影響を与える主要な費用項目であり、これを家計簿に反映させることで、実際の支出を正確に把握する**ことができます。

まず、家計簿に税金を記入する際は、税金の種類ごとに分けて記録するのが有効です。例えば、月々の給与から引かれる所得税や住民税、年に一度の固定資産税など、それぞれの支出を分けて管理することで、より詳細な支出の見通しが立てられます。これにより、予算管理や将来の計画が立てやすくなります。

税金の支払いが予想以上に大きな負担になることもあるため、これを見越して予算を組むことが重要です。例えば、年末調整や確定申告で支払う税金の額を見越して、毎月の家計簿に少しずつ予算を組んでおくと、突然の支払いに対応しやすくなります。

また、税金の記入を通じて、税額控除や節税対策を考えるきっかけにもなります。税金の支出がどれほど家庭の予算に影響しているかを理解することで、必要な対策や改善点が見えてくるかもしれません。

❷ 税金を記入する

それでは実際にNotionで税金の金額を付けてみましょう。**P.148から引き続き「パーソナルファイナンス管理［オートメーション］」を使います。**とは言ってもオートメーション機能で自動的に計算をしてくれるので、税金の額を記入する必要はありません。

副業で得た収入を記入し、「副業」タグを付けておきます。

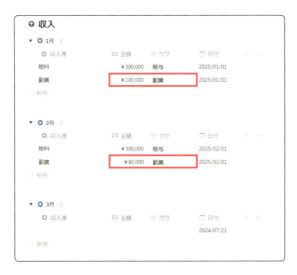

収入と支出の下に税金などを記入する欄があり、自動的に反映されます。特に副業やフリーランスの収入は確定申告が必要なものがあるので、それが自動的に記入されます。なお、税率を変更したい場合は、「税額見積」をクリックして、税率の％を変更しましょう。

COLUMN 税金の種類

税金にはさまざまな種類があります。所得税や法人税、住民税や消費税などです。基本的には、給料からすでに引かれていたり、買い物時にも消費税は自動で支払ったりしていますが、相続税など後から支払う必要があるものもあります。以下に主な税金の種類を紹介します。

税名	内容
所得税	個人の収入に対して課される税金。給与や事業所得などが対象。
法人税	企業の利益に対して課される税金。
住民税	地方自治体が課す税金で、個人の所得や資産に基づき計算される。市町村税と都道府県税が含まれる。
消費税	商品やサービスの購入時に課される税金。日本では10%が基本の税率。
相続税	相続や遺贈により取得した財産に対して課される税金。
贈与税	他人から贈与を受けた財産に対して課される税金。
固定資産税	不動産(土地や建物)に対して課される税金。
軽自動車税	軽自動車に対して課される税金。
酒税	酒類に対して課される税金。
たばこ税	たばこに対して課される税金。
関税	輸入品に対して課される税金。

生活

第 8 章

8章では生活に役立つテンプレートを解説します。食事や運動を管理できるものや、持ち物や趣味に関するもの、旅行を計画できるものなどさまざまです。また、その他のおすすめのテンプレートも紹介します。

35 食事／睡眠を管理する

▷ここでできるようになること
- [ ] 食事を管理できる
- [ ] 買い物リストを作る
- [ ] 睡眠を記入できるようにする

❶ ミールプランナー

ミールプランナー（Meal Planner）は、食事の計画や管理をサポートするツールやサービスのことを指します。健康的な食生活を維持するために、事前に食事を計画することで、栄養バランスのとれた食事を摂ることができ、時間やコストの節約にも繋がります。ミールプランナーには、手書きのプランニングノートから、専用のアプリやWebサイトまでさまざまな形態があります。ミールプランナーの主な機能には、次のようなものがあります。まず、週間や月間の食事計画を立てることができ、毎日のメニューやレシピを詳細に記載できます。これにより、買い物リストの作成が容易になり、必要な食材を無駄なく購入することが可能です。また、特定の栄養素の摂取量を管理したり、カロリー計算を行う機能も備えていることが多く、健康管理やダイエットにも役立ちます。

Notionのテンプレートの「ミールプランナー」では、1週間分の献立を作成することができます。一覧は縦に表示され、「曜日」や「料理」、「買い物リスト」を軸に内容が記入出来ます。

> テンプレートでは1品ずつ記入されていますが、もちろん朝、昼、夜の3食分を記入してもOKです。

COLUMN　1週間分の献立を考えることのメリット

1週間分の献立を考えることには、多くのメリットがあります。まず、時間の節約です。事前に計画を立てることで、毎日の「何を作ろう？」という悩みから解放され、調理や買い物にかかる時間を大幅に減らすことができます。また、計画的な買い物リストを作成することで、必要な食材を一度に購入でき、無駄な買い物を減らすことができます。これにより、食品ロスを減らし、家計の節約にも繋がります。

さらに、栄養バランスの向上も期待できます。事前に献立を考えることで、各食事に必要な栄養素を均等に取り入れることができ、偏った食生活を防ぐことができます。特に、野菜や果物、タンパク質、炭水化物などをバランスよく組み合わせることで、健康的な食生活を維持することができます。

また、ストレスの軽減も大きなメリットです。毎日の食事の準備がスムーズに進むことで、忙しい日常の中でのストレスが減り、心の余裕が生まれます。特に、家族がいる場合は、全員の好みや食事制限を考慮した献立を事前に計画することで、食事の時間をより楽しいものにすることができます。

最後に、料理のバリエーションを増やすことも可能です。1週間分の献立を計画することで、同じ料理の繰り返しを避け、新しいレシピに挑戦する機会が増えます。これにより、食卓が豊かになり、家族全員が食事を楽しむことができます。

第8章　生活

❷ 食事を管理する

今回のテンプレートの場合、「料理」をクリックすると、料理一覧の画面に移動できます。ここでは、料理に使う材料やいつ作るかを記入でき、タグでも管理することができます。どういうときに食べる料理かをタグ付けしてもよいでしょう。

また、「買い物リスト」をクリックすると、材料の買い物リストの画面に移動できます。ここを見ながら買い物をしましょう。また、材料が何の料理に使うのかも見ることができます。

❸ 睡眠を管理する

テンプレートには睡眠を管理するブロックがありません。そのため、今回は自分で睡眠を管理する内容を追加してみましょう。

表の⊞をクリックして❶、「テキスト」をクリックすると❷、表にテキストを追加できるようになります。

「睡眠時間」の欄を追加して、それぞれの日の睡眠時間を記入しましょう。1週間の睡眠時間が取れた日、取れない日がわかります。また食事内容と同時に見ることで、睡眠の質が食事に影響されていないだろうか、という推測を立てることもできるでしょう。

36 運動を管理する

▷ ここでできるようになること

- 運動を管理できる
- 体重を管理できる
- 週や月ごとの運動量を確認できる

❶ 体重と運動の管理

運動や体重をデジタルに記入して管理することには、多くのメリットがあります。デジタルツールを利用することで、**データの整理や視覚化が容易になり、健康管理をより効果的に行うことができます。**

まず、デジタル記録はデータの整理と保存が簡単です。スマートフォンやパソコンを使って、Notionに運動内容や体重を入力することで、日々の変化を一元的に管理できます。これにより、過去のデータを簡単に参照し、長期的な傾向を把握することが可能です。

次に、デジタルツールは視覚化の機能が充実しています。目標達成に向けた進捗を具体的に把握しやすくなります。これにより、モチベーションの維持や改善点の発見が容易になります。

Notionではデータの共有が簡単です。例えば、トレーナーや医師、家族とデータを共有することで、専門家からのアドバイスを受けたり、一緒に目標に向かって努力したりできます。これにより、サポートを受けながら健康管理を行うことが可能になります。

❷ 運動と体重を記入する

Notionのテンプレートの「体重と運動の管理」をダウンロードしたら、まずはその日に行った運動とその日の体重などを記入しましょう。ダウンロードしたばかりのテンプレートには何も記入されていません。

> 「今日の記録をつける」をクリックして、記録しましょう。

情報が表示されるので記入しましょう。「運動種類」「体重」「距離」「時間」と必要に応じて「運動の内容メモ」を記入します。なお、「〇〇増減」は記入しません。これは前日などの情報から自動的にNotionが記入してくれるからです。

次の運動を記入する際に、体重や距離、時間を入れると、前回からの増減の数値が自動で入力されます。特に体重は前回から増えたか減ったかがすぐにわかるので、ダイエットや体形維持などの目安にもなります。

❸ 運動量を確認する

「週平均」タブをクリックすると、その週に運動した内容や体重、距離、時間などを縦軸で確認することができます。

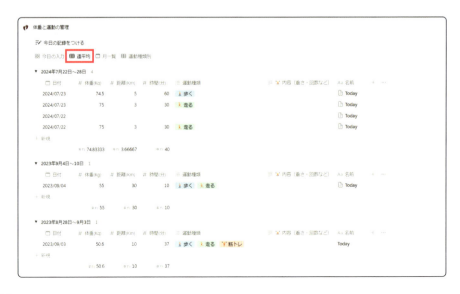

「月一覧」タブをクリックすると、カレンダーで表示されます。このカレンダーはGoogleカレンダーと連携させることもできるので、Googleカレンダーの予定を見ながら、Notionのカレンダーで運動する日を決める、といった活用方法も可能です。

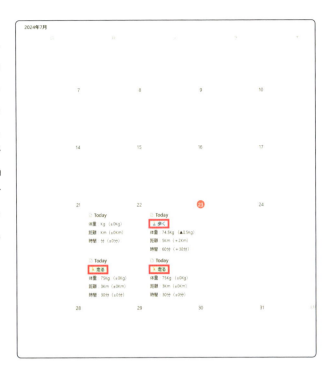

「運動種類別」タブをクリックすると、運動を記入する際に設定したタグで一覧表示されます。これを見ながら、「今週は筋トレの回数が少ないな」「今月はもう少し歩く時間を増やそう」といった、運動の全体的なバランスを確認することができます。

37 買い物リスト

▷ ここでできるようになること

買いたいものをメモできる

ToDoとは別にリストを作れる

いつ買ったかを記録できる

❶ 欲しいものと消耗品在庫リスト

デジタルで買いたいものをリスト化して管理することは、現代の忙しい生活の中で非常に便利かつ効率的な方法です。**スマートフォンやタブレット、コンピューターなど、手元にあるデジタルデバイスを活用して、買い物リストを簡単に作成・管理することができます。**

まず、デジタルリストの利点の一つは、その利便性です。紙のリストと違って、スマートフォンなどのデバイスは常に持ち歩いていることが多いため、思い出したときにすぐにリストに追加することができます。

次に、デジタルリストは整理がしやすいという点も魅力です。カテゴリごとに項目を分類したり、購入の優先順位を設定したりすることが簡単にできます。さらに、リストの中から完了した項目をチェックして削除することも手軽に行えるため、常に最新の状態に保つことができます。

さらに、共有機能もデジタルリストの大きなメリットです。家族や友人とリストを共有することで、共同で買い物をする際のコミュニケーションがスムーズになります。

❷ 欲しいものをビューやテーブルで確認する

Notionのテンプレートの「欲しいものと消耗品在庫リスト」では、ビューごとにリストを管理できます。ギャラリービューでは商品の画像と商品名を中心に一覧で表示することができます。

ボードビューではタグ付けした内容で表示されます。「そろそろ買う」といったものや、すごく欲しいわけではないけど買ってもよいかなという「買っても良い」タグ、「欲しいもの」などに分けられます。また、「もう買わない」もリストに加えることで、昔買ったものをリストに追加しておいてもよいでしょう。

テーブルビューでは横に詳細を並べた形で表示されます。ここでは、商品が売っているECサイトや公式Webサイトの商品ページのURLを入力する欄が用意されています。URLを記入しておくことで、そこからすぐに商品ページに飛ぶことができます。

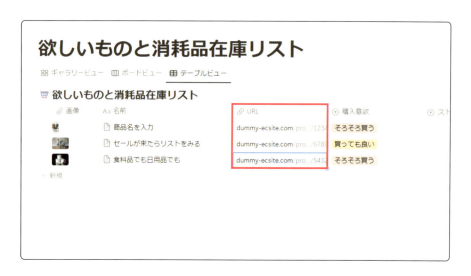

❸ 欲しいものの詳細を記入する

新規で商品を追加する場合、商品の詳細を記入しておきましょう。ギャラリービューで商品をクリックすると詳細が表示されます。さまざまな項目が記入できるようになっており、特に「在庫数」や「購入金額」などを記入しておくと、わかりやすいでしょう。

購入日や使い切った日などは、詳細の下にあるアイコンをクリックすることで、自動的に入力することができます。

テンプレートにオートメーションが設定されています。

COLUMN 欲しいものリストに購入日などを記録する

欲しいものリストに「購入日」や「使い切った日」などを記録することには多くのメリットがあります。まず、購入履歴を把握することで、商品の使用頻度や消耗ペースを理解しやすくなります。例えば、食品や日用品などの定期的に購入するものは、次の購入タイミングを予測するのに役立ちます。これにより、無駄な買い置きや買い忘れを防ぐことができ、効率的な買い物が可能となります。

次に、購入日を記録することで、商品の品質や有効期限を管理しやすくなります。特に食品や化粧品など、使用期限がある商品については、以前の購入日を確認することで、新しい商品を購入する際の参考になります。また、頻繁に使う商品の場合、劣化や品質の変化に気付きやすくなり、適切なタイミングでの買い替えが可能です。

さらに、過去の購入履歴を参照することで、予算管理にも役立ちます。購入日と金額を併せて記録しておけば、月々の出費を把握しやすくなり、無駄遣いを減らす手助けとなります。例えば、同じ商品の価格変動を比較することで、よりお得なタイミングでの購入が可能になるかもしれません。

また、購入履歴を記録しておくことは、特定の商品を再購入する際にも便利です。以前に購入して満足した商品やブランドを再度購入する際、正確な情報を手元に持っていることで、間違いなく同じ商品を選ぶことができます。特に、オンラインショッピングなどでは、過去の購入履歴を参照することで、リピート購入がスムーズに行えます。

最後に、欲しいものリストに購入日を記録することで、保証期間の管理も容易になります。家電製品や高価な商品の場合、保証期間内であれば修理や交換が可能な場合が多いため、購入日を正確に把握しておくことで、保証を有効に活用することができます。これらの理由から、「以前買った日」や「購入日」をリストに記録することは、買い物を効率的かつ経済的に行うための重要な手段と言えるでしょう。

38 持ち物を管理する

▷ここでできるようになること
- 持ち物を管理できる
- 旅行など、必要なもののチェックができる
- チェック式で用意できたかを確認できる

❶ 持ち物チェックリスト

デジタルで持ち物チェックリストを使って持ち物を管理することは、日常生活の効率化とストレス軽減に大いに役立ちます。スマートフォンやタブレット、パソコンを利用することで、持ち物の確認や管理がより簡単かつ便利になります。

まず、デジタルチェックリストの最大の利点はその携帯性とアクセスのしやすさです。スマートフォンは常に手元にあるため、必要な時にいつでもチェックリストを確認したり、更新したりできます。これにより、紙のリストを持ち歩く必要がなくなり、持ち物の確認がスムーズに行えます。

さらに、デジタルリストは共有機能が充実しています。家族や友人とリストを共有することで、共同で持ち物を管理することができます。例えば、家族旅行の際には、全員が必要な持ち物をリストに追加し、誰が何を持っているかを一目で確認することができます。これにより、持ち物の重複や不足を防ぎ、準備を効率化することができます。

また、デジタルリストは更新が簡単です。持ち物を追加したり削除したりする際に、紙のリストでは修正が面倒ですが、デジタルリストならば手軽に編集できます。特に、頻繁に更新が必要なリストでは、この柔軟性が大きなメリットとなります。

「利用方法」をクリックすると、使い方の詳細が表示されます。

❷ 旅行の持ち物を管理する

今回はNotionのテンプレートの「**持ち物チェックリスト**」を使います。このテンプレートは旅行など、外出時に必要な持ち物のチェックリストを作ることができます。まずは、準備段階としてどのような旅行なのかを設定します。

準備前

∨ さらに2件のプロパティ

↺ 元のページに戻る

✨ チェック初期化

💼 今回の旅行要件は？

☑ はじめに設定
🧳 宿泊数：1泊
👤 人数：2人

- -

↓当てはまる要件に✓を入れてください
☑ 要件1
☐ 要件2
☐ 要件3
☐ 要件4
☐ 要件5
☐ 要件6

「**要件**」には自分で自由に旅行や外出目的を入れましょう。

COLUMN　旅行先によって持っていくものを別で管理する

旅行先によって持っていくものを別で管理することは、旅行の準備を効率的かつストレスフリーに進めるための効果的な方法です。それぞれの旅行先には異なる気候や活動内容があり、必要な持ち物も異なるため、個別にリストを作成することで必要なアイテムを漏れなく準備できます。

まず、旅行先の気候に応じた持ち物を管理することが重要です。例えば、寒冷地への旅行では防寒具や手袋、帽子などが必要になりますが、ビーチリゾートでは水着や日焼け止め、ビーチタオルが必需品となります。旅行先ごとにリストを分けることで、気候に適した持ち物を確実に用意できます。

次に、旅行の目的や活動内容に応じたリストを作成することも有効です。例えば、登山やハイキングを予定している場合は、トレッキングシューズやリュックサック、登山用の装備が必要です。一方、ビジネス旅行では、スーツやビジネス用の書類、ラップトップなどが必要となります。このように、旅行の目的ごとにリストを分けることで、特定の活動に必要なアイテムを漏れなく準備できます。

入れる物によって、持ち物リストを分けることができます。テンプレートでは、「リュックサック」や「軽装用ポーチ」、「キャリーケース」などが用意されています。ただ単に持ち物をチェックするのではなく、どの入れ物に入れたかまで確認できるので、非常に有効的に活用することができます。また、パソコンから持ち物リストを作成、スマートフォンで持ち物を入れたかチェックを入れるといったやり方も効果的です。

入れたものにはもちろんチェックを入れましょう。

COLUMN　旅行以外にも持ち物リストを使いこなす

持ち物リストは旅行の準備において非常に便利なツールですが、実は日常生活のさまざまなシーンでも大いに役立ちます。**旅行以外にも持ち物リストを使いこなすことで、日常の効率を上げ、ストレスを軽減し、計画性のある生活を送ることができます。**ここでは、持ち物リストが旅行以外のシーンでどのように役立つかを詳しく紹介します。

まず、通勤や通学における持ち物リストの活用です。毎日の通勤や通学は、必要なアイテムが多岐に渡るため、リストを作成することで忘れ物を防ぐことができます。例えば、ビジネスパーソンであれば、ノートパソコン、充電器、書類、名刺、スマートフォン、財布、定期券、昼食など、必要なアイテムをリスト化しておくことで、毎朝の準備がスムーズに行えます。学生であれば、教科書、ノート、筆記用具、宿題、計算機などをリスト化しておけば、忘れ物が減り、仕事や授業に集中しやすくなります。

次に、スポーツやアウトドア活動における持ち物リストの効果です。ジムに通う際や週末のハイキング、キャンプなど、アクティブな活動には特定の装備が必要です。ジムに行く場合は、トレーニングウェア、シューズ、タオル、水筒、会員カード、ロッカーの鍵などをリスト化しておけば、出発前の準備が簡単になります。アウトドア活動では、テント、寝袋、ランタン、食料、地図、コンパス、応急処置キット、日焼け止め、虫除けスプレーなど、忘れてはいけないアイテムが多いため、リストが非常に役立ちます。

また、家庭内でのイベントやプロジェクトにも持ち物リストは有効です。例えば、大掃除や引っ越しの際には、必要な清掃道具や梱包材をリスト化しておくと、作業が効率的に進みます。掃除機、モップ、洗剤、スポンジ、ゴミ袋、段ボール、テープ、マーカーなど、必要なものをリストアップしておけば、準備漏れがなくなります。料理やガーデニングなどの趣味においても、材料や道具をリストアップすることで、スムーズに取り組むことができます。例えば、新しいレシピに挑戦する際には、必要な食材や調理器具をリストにしておくと、買い物が効率的になり、料理もスムーズに進みます。

さらに、日常の買い物リストとしても持ち物リストは便利です。週末のまとめ買いや特別なイベントの準備など、買い忘れを防ぐためにリストを作成することは有効です。食料品、日用品、衣料品など、カテゴリーごとにリストを分けておけば、買い物が効率よく進み、時間の節約にもなります。

また、Notionを利用することで、複数のデバイスからアクセスでき、家族や友人とリストを共有することも可能です。例えば、家族旅行の準備では、全員が必要な持ち物をリストに追加し、誰が何を持っていくかをリアルタイムで確認できます。

このように、持ち物リストは旅行だけでなく、日常生活のさまざまな場面で役立ちます。効率的な準備と計画を支援し、忘れ物を防ぎ、ストレスの少ない生活を実現するために、ぜひ持ち物リストを活用してみてください。日常のあらゆるシーンで持ち物リストを使いこなすことで、生活の質が向上し、より充実した毎日を送ることができるでしょう。

39 趣味を管理する

▷ここでできるようになること
- 趣味を管理できる
- コンテンツとして管理する
- 読書を管理する

❶ コンテンツカレンダー

コンテンツカレンダーは、主にマーケティングやプロジェクト管理で利用されるツールですが、**趣味の活動でも大いに役立ちます。趣味の時間を計画的に楽しむために、コンテンツカレンダーを活用する方法をいくつか紹介します。**

まず、クリエイティブなプロジェクトを管理する際にコンテンツカレンダーが非常に有用です。例えば、絵画や手芸、DIYプロジェクトなどに取り組む場合、各ステップや必要な材料、締め切りなどをカレンダーに書き込むことで、効率的に作業を進めることができます。日付ごとに具体的なタスクを設定し、進捗状況を把握することで、プロジェクトの完成までの道のりが明確になります。これにより、目標達成に向けたモチベーションも維持しやすくなります。

次に、ブログやSNSの投稿計画にもコンテンツカレンダーは役立ちます。趣味としてブログを書いたり、SNSで情報発信をしたりしている場合、投稿する内容やタイミングを計画的に決めておくことで、読者やフォロワーに安定したコンテンツを提供できます。例えば、料理が趣味なら、レシピの投稿スケジュールを立てたり、写真や動画の撮影日をカレンダーに設定したりすることで、計画的にコンテンツを作成できます。これにより、フォロワーとのエンゲージメントを高め、より多くの人に自分の趣味を共有することが可能になります。

さらに、学習計画を立てる際にもコンテンツカレンダーは大いに役立ちます。趣味として新しいスキルを学ぶ場合、例えば楽器の演奏や新しい言語の習得を目指すときに、日々の練習内容や目標をカレンダーに書き込み、進捗を管理することができます。定期的に復習日やテスト日を設定することで、学習効果を高めることができます。このよう

に、学習のプロセスを視覚的に確認できるため、計画通りに進めることが容易になります。
他にも、大掃除や引っ越しなどの家庭内イベントや趣味などにもコンテンツカレンダーを活用することが可能です。

今回は、Notionのテンプレートの「コンテンツカレンダー」を使います。 テンプレートでは、ビジネスのプロジェクトとしてサンプルが掲載されていますが、ここでは家庭でのDIYでのコンテンツカレンダーに変更してみました。DIYに限らず、芸術や音楽など、過程が存在する趣味をカレンダーとして作業を管理できるようになります。

コンテンツカレンダーなので、もちろんカレンダーで管理することも可能です。カレンダーに他の作業も記入しておくと、他の内容と並行して趣味を進められる作業カレンダーが完成します。

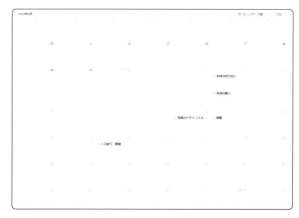

❷ ブックリスト

　ブックリストとは、読みたい本や読んだ本をリスト形式でまとめたものを指します。これは、個人の読書計画や読書記録として利用される他、教育機関や図書館、読書クラブなどで推奨図書のリストとしても活用されます。**ブックリストは、読書習慣の促進や効率的な読書管理に役立つツール**です。

　個人の読書計画において、ブックリストは非常に重要な役割を果たします。多くの読書家は、読みたい本や購入予定の本をリスト化しておくことで、読書の目標を明確にし、計画的に読書を進めることができます。また、読んだ本をリストに記録することで、読書の履歴を一目で把握でき、自己成長の確認や読書傾向の分析が可能になります。例えば、ジャンルごとにリストを分けたり、読む順番を決めたりすることで、読書の進行を整理できます。さらに、読書ノートや感想メモをリストにリンクさせることで、読書体験をより深めることができます。

　教育機関や図書館では、推奨図書リストやカリキュラムに基づいたブックリストが利用されます。これにより、学生や利用者が読書するべき本を効率的に見つけることができ、教育目標の達成に寄与します。例えば、学年ごとや科目ごとに分けられたブックリストは、学習内容に適した本を選ぶ際に非常に便利です。図書館では、特定のテーマやイベントに合わせた特集ブックリストが作成されることもあります。これにより、関心のあるテーマに関連した本を容易に見つけることや、読書の幅を広げることができます。

　読書クラブやオンラインの読書コミュニティでは、メンバー間でブックリストを共有することが一般的です。これにより、読書の交流が促進され、互いにおすすめの本を紹介し合うことができます。共有されたブックリストをもとに、読書会のテーマを決めたり、読書チャレンジを企画したりすることもできます。また、ブックリストは読書感想の共有やディスカッションの材料としても活用されます。特定の本についての意見交換や感想の共有は、読書体験をより豊かにし、新たな視点を得る機会を提供します。

　現代では、多くのデジタルツールがブックリストの作成と管理をサポートしています。例えば、Notionなどのオンラインプラットフォームでは、読みたい本や読んだ本をリスト化し、評価やレビューを残すことができます。これらのツールを利用することで、他の読者のレビューを参考にしたり、自分の読書履歴を簡単に管理したりすることが可能です。また、スマートフォンやタブレット用のアプリも数多く存在し、読書の進行状況をトラッキングしたり、読書目標を設定したりする機能を提供しています。これにより、紙のリストと比べてより柔軟で便利に読書管理が行えます。

　ブックリストは、個人の読書計画や記録をサポートし、教育機関や図書館、読書クラブ

などで広く活用されるツールです。デジタルツールの進化により、ブックリストの管理はさらに簡便で効果的になっています。読書の効率を高め、より充実した読書生活を送るために、ブックリストを上手に活用してみてください。

Notionのテンプレートの「ブックリスト」では、読みたい本や読書中の本をリスト化することができます。 また、URLで購入先のWebページを記入したり、カバー画像を入れたりするなど、文字だけではなく、目で見てわかるようなリストにできます。

また、「未読」や「進行中」、「読了」といった、自分の読書の進行具合をタグを付けて管理することもできます。どの本が読み終えて、どの本がまだなのかが一目でわかります。例えば図書館から借りてきた本を入力しておけば、「読了」の本を図書館へ返却するといった活用方法もできるでしょう。

40 旅行を計画する

▷ここでできるようになること
- 旅行を計画できる
- 旅行中の内容を記録できる
- AIに旅行を計画してもらう

❶ 旅行計画

旅行計画を立てる際には、いくつかの重要な要素を押さえることが成功の鍵となります。まず、持ち物リストの作成です。旅行の目的地や期間、季節に応じて必要なものをリストアップします。例えば、ビーチリゾートなら水着や日焼け止め、寒冷地なら防寒具が必要です。また、忘れがちな日常品もリストに含めるとよいでしょう。

次に、スケジュールの作成です。訪れたい観光地やレストラン、イベントなどを事前に調べて、効率よく回れるように計画を立てます。ただし、スケジュールには余裕を持たせ、急な予定変更にも対応できるようにしておくことが重要です。旅行中に役立つのがマップです。スマートフォンの地図アプリを活用すれば、現地での移動もスムーズになります。目的地へのアクセス方法や、周辺の施設情報も事前に調べておくと便利です。また、旅行中に撮影した写真は、思い出を形に残すために欠かせません。

最後に、予算管理も重要です。旅行前に予算を設定し、宿泊費や交通費、食事代などを細かく計算します。現地での支出を把握するために、Notionなどを利用してリアルタイムで記録すると、使いすぎを防げます。

❷ 旅行前の計画を立てる

Notionのテンプレートの「旅行計画」では、旅行前の準備と旅行中の内容、2つとも同じページで記録することができます。

まずは、持ち物リストです。これはチェックリスト式で付けることができるようになっています。また、カテゴリごとに分けてチェックリストを作成することもできます。

次にスケジュールを立てましょう。あらかじめスケジュールを立てておくことで、旅行中に円滑に行動することが可能です。また、テンプレートにはアクティビティや日付の他に、場所やメモを記入できる欄が用意されています。

> あらかじめチケットの購入が必要な箇所について、メモをしておくのもよいでしょう。

3 旅行中に活用する

テンプレートには元から「Googleマップ」の埋め込まれています。自分が行きたい場所をあらかじめマップでメモをしておきましょう。埋め込んだマップは、後からスマートフォンからも見ることができるので、旅行の移動中に行き先を調べたり、周辺のお店を確認したりすることもできます。

COLUMN 海外旅行でもGoogleマップが役に立つ

海外旅行でGoogleマップが役に立つ理由は、その多機能性と便利さにあります。まず、言語の壁を越える点が大きなメリットです。外国語が苦手でも、Googleマップを使えば目的地までの道順を簡単に検索できます。また、交通手段や所要時間も即座に把握可能です。さらに、地元の観光スポットやレストラン、カフェなどの情報も豊富に提供されます。レビューや評価を参考にすることで、質の高い場所を選ぶことができます。オフラインマップをダウンロードしておけば、インターネットが使えない場所でも迷わずに済みます。リアルタイムでの位置情報の共有も便利です。旅行仲間と位置情報を共有することで、迷子になる心配もありません。総じて、Googleマップは海外旅行をより快適で安全にする必須のツールです。

Notionには画像をアップロードできる機能があります。これを使って、旅行先で撮った写真をページに追加していきましょう。スマートフォンからもアップロードができるので、撮影してすぐにNotionに記録することもできます。

テンプレートの一番下には「予算管理」の欄があります。ここにはあらかじめ使う予算を記入しておいてもよいですし、後から使ったお金を記録しておくのもよいです。そうすることで、お金の使いすぎの抑制など、管理をすることができます。

❹ AIに旅行計画を立ててもらう

生成AIに旅行計画を立ててもらうことの利点は、その効率性とカスタマイズ性にあります。**AIは膨大なデータをもとに、旅行者の好みや予算、目的地の特性を考慮した最適なプランを提供します。**例えば、観光スポットやレストランのリストアップ、交通手段の提案、スケジュールの組み立てなどが挙げられます。

さらに、AIはリアルタイムで最新の情報を反映できるため、現地の天気やイベント情報も考慮したプランニングが可能です。これにより、予定の変更にも柔軟に対応できます。また、旅行の準備に必要な持ち物リストや予算管理のアドバイスも提供してくれるため、初めての場所でも安心して旅行を楽しめます。

生成AIを活用することで、手間のかかる計画作りを効率化し、より充実した旅行体験を実現することができるのです。

NotionにはAIが搭載されています。テンプレートの「NotionAIで旅行計画」では、実際に旅行の計画をAIに作成してもらうことができます。

旅行計画 (Notion AI)

✨ 国内で、東京から車で3時間圏内で子供も大人も楽しめる、夏休みに最適な2泊3日のレジャースポットと観光名所を回る旅行　　生成

旅のテーマ
- 国内
- 家族で旅行
- 車で移動
- 夏休み
- 遊びたいが観光もしたい

> どういう旅行にしたいか、具体的な内容を記入して「生成」をクリックしましょう。

下の画面が実際に生成してもらった旅行計画です。今回は「国内」「家族」「車」といったようなキーワードから旅行計画を生成してもらいました。かなり具体的な計画を立ててもらうことができます。この通りに旅行してもよいのですが、これをたたき台として、自分たちでアレンジしていっても構いません。

東京から車で3時間圏内の夏休みに最適な2泊3日の旅行プラン

1日目: 東京から箱根へ
- **出発**：朝早く東京を出発
- **午前**：箱根彫刻の森美術館訪問
  - 子供も楽しめる広い屋外展示
- **昼食**：箱根湯本の食事処でランチ
- **午後**：大涌谷で観光
  - 黒たまごを食べて運気アップ
- **夕方**：宿泊先にチェックイン
  - 箱根の温泉旅館でリラックス

2日目: 箱根から富士山周辺へ
- **朝**：朝食後、チェックアウト
- **午前**：御殿場プレミアムアウトレットでショッピング
  - 子供向けのプレイエリアもあり
- **昼食**：御殿場でランチ
- **午後**：富士サファリパーク訪問
  - 車で回れるサファリで動物観察
- **夕方**：富士山周辺のホテルにチェックイン
  - 富士山を眺めながら夕食

3日目: 富士山周辺から東京へ
- **朝**：朝食後、チェックアウト
- **午前**：富士急ハイランドで遊ぶ
  - 子供向けのアトラクションも充実
- **昼食**：富士急ハイランド内でランチ
- **午後**：山中湖でボート遊び
  - 家族で楽しめるアクティビティ
- **夕方**：東京へ帰宅
- **到着**：夜遅く東京に到着、旅の振り返り

> 「予算」や「滞在時間」など、いろいろな内容を組み合わせて、AIに計画を立ててもらうこともできます。

> 「ホテルや旅館も探して」といったことも記入しておくと、いくつかのおすすめの宿泊場所を提案してくれます。

第8章 生活

41 ブログに活用する

▷ここでできるようになること
- ブログを作成できる
- 日記としても活用できる
- 非公開で誰にも見せないブログとしても使える

❶ 個人のブログ

ブログを書くことは、自己表現や情報発信の手段として非常に有益です。まず、ブログを書くことで自分の考えや経験を整理し、文章力や表現力を向上させることができます。テーマ選びやリサーチを通じて知識も深まり、学びの場としても機能します。

また、ブログは他者とのコミュニケーションツールとしても優れています。コメントやSNSを通じて読者と交流し、フィードバックを得ることで新たな視点を得られます。共感を呼ぶ内容や有益な情報を提供することで、読者の信頼を築き、コミュニティを形成することも可能です。

さらに、ブログは個人ブランドの確立やビジネスチャンスの創出にも繋がります。専門知識やユニークな視点を発信することで、自己PRの場となり、仕事や副業の機会が広がります。

総じて、ブログを書くことは自己成長、他者との交流、そして新たなチャンスをもたらす貴重な活動です。継続的に書き続けることで、多くのメリットを享受できるでしょう。

（❷）ブログを作成する

Notionのテンプレートの「個人のブログ」では、ブログに必要なブロックが揃っているページをダウンロード可能です。右画面のように記事タイトルやタグ付け、日付など、ブログに必要な要素がすでに用意されているので、すぐにブログを始めることができます。

それぞれのブログ記事をクリックすることで、内容を確認することができます。ここでもブロックを活用することで、見出しや本文を分けて作成することも可能です。

> Notionの場合は、内容を共有していないとブログを誰かに見てもらうことはできません。なお、逆に言えば共有していない限り誰にも見られないということなので、自分しか見ることができない秘密のブログとして活用することもできます。

第8章 生活

187

42 その他のおすすめのテンプレート一覧

❶ おすすめテンプレート

■ 年次評価（自己評価）

仕事で評価を付ける際に使えるテンプレートです。年ごとの自己評価が主な使用用途ですが、部下の評価をする際にも活用できます。

■ 日記で英語学習（Notion AI）

日記で英語を勉強することができます。まずは日本語で日記を書き、次に英語で日記を書きます。Notion AIがその2つの日記を見比べて、正しく英語で記入できているかを判断してくれます。

■ 人生でやりたいこと100

人生のうちにやりたいことを100個記入できるテンプレートです。仕事をリタイアした定年後の方など、「残りの人生でやりたいことをやる」ということにも活用可能ですが、若いうちに記録していくのも人生を楽しむコツとなるかもしれません。

■ 時間割

時間割を記入できるテンプレートです。学校の授業の時間割を記入してもよいですし、作業時間がある程度決まっている仕事の作業時間割としても活用できるでしょう。

■ 洋服管理テンプレート（My wardrobe）

持っている洋服を管理できるテンプレートです。タンスやクローゼットにどんな服を仕舞ってあるか、たくさんの服を管理できなくなった場合に、Notionを使って管理してみましょう。

索引

英数

1-on-1ミーティング記録 ………… 130
FigJam ………………………… 124
Googleカレンダー ……………… 117
Googleマップ …………………… 182
Notion AI …………………… 29, 184
Notion AIに質問をする ………… 30
Notion AIにページやブロックを作成してもらう … 32
Notionカレンダーアプリ ………… 115
Notionに登録 …………………… 36
ToDoリスト ……………………… 83
Zipファイル ……………………… 50
Zoom …………………………… 128

あ行

イベントカレンダー ……………… 114
インポート ……………………… 50
ウィークリーToDoリスト ………… 110
埋め込み ………………………… 52
運動 ……………………………… 164
エクスポート …………………… 51
エンタープライズ ………………… 11
オートメーション ………………… 150

か行

改善点 …………………… 133, 135
家計簿 …………………… 14, 152
課題管理 ………………………… 98
カテゴリ ………………………… 60

カレンダー ……………………… 28
議事メモ ………………………… 134
ギャラリー ……………………… 22
業務手順書 ……………………… 68
共有 ……………………………… 62
クイックメモ ………………… 43, 90
黒字 ……………………………… 155
個人のブログ …………………… 186
コミュニケーション ……………… 14
献立 ……………………………… 160
コンテンツカレンダー …………… 176

さ行

削除 ……………………………… 40
雑記メモ ………………………… 96
時間割 …………………………… 189
支出 ……………………………… 154
社内Wiki ………………………… 140
習慣トラッカー ………………… 118
食事 ……………………………… 162
人生でやりたいこと100 ………… 189
睡眠 ……………………………… 163
スマートフォン ………………… 18
税金 …………………… 156, 158

た行

体重 ……………………………… 164
タイムライン …………………… 24
タスク管理 ………………… 12, 47

Index

タスク管理&課題管理 ················ 72, 106
タブレット ································· 19
チームWiki ··························· 138
データベース ··························· 20
テーブル ································· 20
デジタルノート ······················· 122
テンプレート ··························· 56
テンプレートギャラリー ············· 59

な行

並べ替え ································ 42
日記 ································ 45, 86
日記で英語学習（Notion AI） ······· 188
年次評価（自己評価）················· 188

は行

パーソナルファイナンス管理［オートメーション］
······················· 148, 153, 157
配当金 ································ 153
パソコン ································ 16
パフォーマンス改善計画 ············ 102
ビジネス ································ 11
フィードバック ··················· 99, 104
複製 ···································· 40
ブックリスト ·························· 178
プラス ·································· 11
フリー ·································· 11
振り返り ······························ 132
プレゼンテーション ·················· 142

プロジェクト管理 ················ 13, 80
プロジェクト&タスク ················· 64
ブロック ··························· 17, 39
ページ ····························· 17, 38
ボード ································· 26
他のアプリとの連携 ·················· 49
欲しいものと消耗品在庫リスト ····· 168
ホワイトボード ······················· 137

ま行

ミーティング ························· 126
ミールプランナー ··················· 160
メリット ································· 9
持ち物チェックリスト ················ 172

や行

有料版 ································· 11
洋服管理テンプレート（My wardrobe） ··· 189

ら行

ライフプランニング ··················· 15
リーディングリスト ··················· 48
リスト ································· 27
リモートブレインストーミング ······· 136
旅行計画 ···························· 180
レビュー ····························· 104
連絡先管理 ························· 145
ロードマップ ·························· 76
録画 ·································· 144

本書の注意事項

- 本書に掲載されている情報は、2024年8月現在のものです。本書の発行後にNotionの機能や操作方法、画面が変更された場合は、本書の手順どおりに操作できなくなる可能性があります。
- 本書に掲載されている画面や手順は一例であり、すべての環境で同様に動作することを保証するものではありません。利用環境によって、紙面とは異なる画面、異なる手順となる場合があります。
- 読者固有の環境についてのお問い合わせ、本書の発行後に変更された項目についてのお問い合わせにはお答えできない場合があります。あらかじめご了承ください。
- 本書に掲載されている手順以外についてのご質問は受け付けておりません。
- 本書の内容に関するお問い合わせに際して、お電話によるお問い合わせはご遠慮ください。

著者紹介

山岡 浩太郎（やまおか・こうたろう）

デジタルツールとプロダクティビティの専門家。特に「Notion」を活用した情報管理と効率化に精通し、ビジネスから日常生活まで幅広い分野でその応用方法を研究している。Notionを活用して多くの業務や日常のタスクを改善した経験を活かし、初心者でも「Notion」の真価を引き出せる実践的なノウハウを提供している。

・本書へのご意見・ご感想をお寄せください。
URL：https://isbn2.sbcr.jp/27140/

仕事、生活をラクラク管理
超便利！ Notion テクニック

2024年　10月7日　初版第1刷発行

著者	山岡 浩太郎
発行者	出井 貴完
発行所	SBクリエイティブ株式会社 〒105-0001 東京都港区虎ノ門 2-2-1 https://www.sbcr.jp/
印刷・製本	株式会社シナノ
カバーデザイン	古屋 郁美
本文デザイン	リンクアップ
編集・DTP	リンクアップ

落丁本、乱丁本は小社営業部にてお取り替えいたします。

Printed in Japan ISBN 978-4-8156-2714-0